你是不是对『亲爱的』有什么误解？

蔡苏燕——著

江苏凤凰文艺出版社
JIANGSU PHOENIX LITERATURE AND ART PUBLISHING

图书在版编目（CIP）数据

你是不是对"亲爱的"有什么误解？/ 蔡苏燕著
. -- 南京：江苏凤凰文艺出版社，2023.3（2024.5 重印）
ISBN 978-7-5594-6392-0

Ⅰ.①你… Ⅱ.①蔡… Ⅲ.①心理学 - 通俗读物
Ⅳ.① B84-49

中国版本图书馆 CIP 数据核字 (2022) 第 168237 号

你是不是对"亲爱的"有什么误解？

蔡苏燕　著

责任编辑　白　涵
责任印制　刘　巍
出版发行　江苏凤凰文艺出版社
南京市中央路 165 号，邮编：210009
网　　址　http://www.jswenyi.com
印　　刷　三河市祥达印刷包装有限公司
开　　本　880mm × 1230mm 1/32
印　　张　7.25
字　　数　80 千字
版　　次　2023 年 3 月第 1 版
印　　次　2024 年 5 月第 2 次印刷
书　　号　ISBN 978 - 7 - 5594 - 6392 - 0
定　　价　45.00 元

目 录

3

第三章
你不用一个人扛下一切

第四章
敢于依赖的力量

4

第五章
通透的人生不设防

5

第六章
告别依赖无能的自己

6

前言

孤岛上的“完美人生”

世界上有一种神奇的人，或许正在读本书的你，或者你的伴侣，就完美符合了这种人的特征。

他们眼中的“完美人生”，是衣食无忧地生活在一座孤岛上，给他们一台电脑或者一部手机，他们就能自得其乐。

他们陷入爱河的表现是：爱一个人，宁愿晚上默默打开ta的朋友圈，一遍遍把ta爱听的歌单曲循环，也鼓不起勇气给ta发一条信息。

甚至，在普通的社交场合，他们想要融入别人的圈子，又害怕成为别人的负担。对于别人主动的付出，他们承担不起那份“恩情”，只能捂住耳朵，逃得远远的。他们能在自主完成一件事的时候披荆斩棘，但让他们主动请求别人帮忙，对他们来说是天大的难事。

也许你和ta是多年的朋友，却从来没听ta倾诉过什么烦恼，讲过什么心里话。他们的社交，很有可能让你感觉是一种敷衍——彬彬有礼，但不包含任何实质性的交流。

在别人看来，他们是最坚强、最独立的一群人，既不需要别人的呵护和照顾，也不需要最基本的陪伴。

这种人，极有可能是心理学上所说的“回避型依恋者”。

他们从不给人添麻烦，却被有些人看作“最可恨的一群人”。他们就像一个黑洞，吞噬掉了你投入的情绪价值，却给不出任何回馈。

想要骂他们，你却找不到理由。他们整天都是一副随随便便的样子，“只要不影响我的小日子，随便你怎么都行”。他们这样的态度，让你觉得想发脾气，但又找不到一个爆发点，两人之间的不满，难免越积越多。

这些人消耗了别人，但他们自己，又从人际关系中获得了什么好处，或者感受到了什么快乐吗？并没有。

对于两性之间的好感，他们的期待类似于“我可以喜欢你，但求求你不要喜欢我”。如果你把他们当作重要的人，他们的第一反应不是暖心，而是因为成为期待的对象，觉得压力倍增，因此想要快速逃离这段关系。

他们冷酷的外表之下，隐藏的是无法满足的被爱的渴望和恐惧。他们不敢表达，只不过是担心自己的期待一次次落空。他们痛的时候找不到肩膀，赢的时候也没有人为他们鼓掌。坚强独立的背后，是一种抹不去的酸楚。他们谁都不愿意亏欠，唯独亏欠自己一段真实的感情。

没有谁认为自己生下来就是孤零零的一个。只是曾经的生活教会他们，人和人之间没有可能相互依靠，心与心之间也无法进行真心地倾诉。于是他们用厚厚的硬壳把自己的心包裹起来，自己去寻找生活的乐趣，遇到问题也一个人解决，受到了伤害，就一个人默默舔舐伤口。

这种过于独立的心态，是生活教给他们的。有时候他们会隐隐觉得失落，但自己都不明白这是为什么。

这些人一般不会主动改变。“是手机不好玩，还是视频不好看？”当你打破他们固有的生活模式，他们可能会皱着眉头这样问你。

在现实生活中，回避型依恋者的数量远比我们想象中的要多。“宅文化”的流行、婚恋热情的下降，越来越多的人觉得“一个人也挺好”，这些都可能是回避型依恋的一种具体体现。心态的收缩，让他们没有足够的勇气和力量，也没有足够的情感热度，去负担一段真诚的恋爱。

人生是一场不太漫长的旅程，一个人的心灵能够品味的东西终究有限。也许，当你打开关闭已久的那扇窗，才会发现，世界上最美的风景不是山川湖海，而是另一个人的心灵。

如果你或者你的伴侣是这种类型的人，那么你不妨看看这本书。一本书的力量有限，不一定能改变谁，但至少能让我们更了解自己。

看过一句话，想在这里送给所有回避型依恋者：

对抗过，勇敢过，
相信过，释放过，
敞开真心给人们看过，
也诚恳地诉说过，才是值得的人生。

第一章

你没那么坚强，只是习惯了伪装

他心中渴望被爱，

但害怕自己原形毕露后被对方抛弃。

“不需要爱”是种幻觉

> 爱永远不会消失，而是一直存在于他们的内心，在漫漫长夜中不停地叩问着孤单的灵魂。

“我不需要爱！”

这是我的某些咨询者最喜欢挂在口头的一句话。实际上，任何人都需要爱，哪怕这种爱不是谈恋爱，而是朋友之间的关心和温暖。但有些人会把自己的独立放在第一位，绝大部分事情都能自己扛下，不奢求别人的关心，更害怕麻烦别人。这些人，心理学上称之为“回避型依恋者”。

但人是社会性动物，怎么会有人真的不需要爱呢？爱与被爱，正是人类区别于动物的能力。

事实上，回避型依恋者把自己的爱压抑后，爱不会消失，而是以一种更隐蔽的方式存在于他们的内心深处，从意识层面进入了潜意识层面。

有些回避型依恋者，会把自己的感情投射到“纸片人”、明星身上，他们的内心住着一个完美伴侣。完美伴侣的人设，多半是虚拟的，现实中不存在的。完美的伴侣在他们心目中是“白月光”般的存在，可远观而不可亵玩焉。

他们虽然不接受亲密关系，也不能忍受束缚，但还抱有期待。他们只需要远远地看着，期盼着，就能有继续做梦的机会。

这时候，他们对外的表现是冷漠和疏离，外人会认为他们高冷、难以接近，但实则他们内心是向往爱的。

这是因为，对爱的向往，是一种自然而然的渴求。

如果把被爱的温暖比作食物，把对爱的渴求比作进食，焦虑型依恋者和安全型依恋者，都能够从意识层面知道自己饿了，不会压抑这种感觉。

只不过焦虑型依恋者容易狼吞虎咽，没过几分钟就把食物吃光；而安全型依恋者则更为谨慎，他们多半会在吃食物之前先测试看看食物有没有毒、想到未来几天自己依旧会饿，想要把食物存储起来慢慢吃。

而回避型依恋者们肚子也会“咕咕”叫，也会体力不支，但他们很难有意识地开始觅食。

甚至，他们面对食物还会逃跑。他们说不定还会边跑边念叨，“天上不会掉馅饼，这食物是有毒的”，看起来可怜又可笑。

当然，也不是说保持一定的警惕就不对——安全型依恋者也会检测爱的真伪，他们这样做的时候，心态是开放的；但回避型依恋者们的想法，却一开始就具有倾向性，容易从负面去设想一段关系。

如果伴侣在未征求他们同意和接纳的前提下推进关系，他们会本能地推远你，回避过于亲密的关系。回避型依恋者习惯把他人好意的“亲近”和“关心”，错误地解读为“打扰”和“控制”，为了保护自身的“安全防线”而向后退缩。

与之相应，回避型依恋者的情绪感知能力，多半处于滞后的状态。换句话说，他们的外在变化和内在情绪反应，是不同步的，在这中间多了一个空白期。

比如说，你关于某件事征求了他的意见，当时他没说什么，但事后却因为自己没有拒绝而懊恼起来，甚至为此生你的气。

换句话说，他们的情绪反应窗口被堵死了，变成了“没有感情的机器人”。

伴侣需要关心的时候，他们没办法给予正常的回馈。与此同时，他们也最害怕伴侣的合理询问。

“你又怎么了”“你倒是说句话”这样的沟通口吻在他们的角度看，是“咄咄逼人”的。

对他们来说，即便是长期处于亲密关系中的伴侣，每个人也应该管理好自己的情绪，而不是在生活中遇到任何小事，都喋喋不休地诉说。

可事实是，即便是回避型依恋者本身，也没法完全靠自己来调整情绪，只是被延时的反应机制给“拖住了后腿”而已。

可是，偏偏正是这种感情反应机制令回避型人格看起来“情绪稳定”，所以他们经常被误认为有着超乎常人的理性。同时也由于“理性（空白期）大于感性”的应对机制，使得他们在社交生活中处理感情问题游刃有余，大众甚至会把他们误认为是独立、成熟的人。

回避型依恋者自己也认可这种沉着冷静、可以独立处理问题的能力，甚至在亲密关系中，他们还会借此获得自我认同，这种感觉渐渐演变成为他们的安全感的一部分。

他们的认知偏差直接导致其行为异于常人，很难深入地、较长时间地开展一段亲密关系。

但在经历这一切的时候，回避型依恋自己却体验不到真正的快乐。他们经常会感到内心空荡荡的，无法真切感受到别人的爱，又似乎总在期盼着发生着什么。用我的一位咨询者的话来说，情况是这样的：

我可能太缺爱了，虽然想做好，但是因为缺得太多，所以不能像别人那样发挥得那么好。

对我来说，把自己的爱压抑后，它并不会真的消失，而是转化为更隐形的存在。

不要问我为什么不敢努力去争取，因为比起努力，放手能让我更加轻松。

所以，爱永远不会消失，而是一直存在于他们的内心，在漫漫长夜中不停地叩问着孤单的灵魂。

别再用冷漠掏空人生

> 回避型依恋者是怎样一群人呢？他们看起来独立、成熟甚至有魅力，但永远和人生“隔着一层”。

对于回避型心理没有深入认知的人，往往是意识不到自己有回避的倾向的，即使意识到了也会用“我不够爱他/她”来为自己开脱。

那么，如何判断自己是不是回避型依恋者呢？

本书为回避型的人归纳了以下几个明显的特征：

一、自我界限过于僵化，很少敞开自己的内心

你是否很难信任一个人，即使是相识多年的朋友，也无法对他敞开心扉？你是否经常压抑自己的感情需求，即使面对喜欢的人亦是如此？你是否常常感到孤独但又怯于寻找解决方法，因为害怕受到伤害？

如果以上的心态都符合的话，那就是自我界限僵化的表现。

其实回避型依恋者大多不擅长表达，这也是他们不愿与你沟通的原因之一。更多时候他们是不懂得如何正确表达。

不仅仅在恋情中，完全的回避型依恋者在正常的人际交往中也是非常孤僻的；而不完全的回避型依恋者往往只是在亲密关系中表现冷淡，而在职场、交友圈中却往往如鱼得水，这是因为他们喜欢观察别人，对人性的理解比较深入。

二、很难从固定的亲密关系中获得稳定感

回避型依恋者也会喜欢上别人，因为他们的天性是对亲密关系有所向往的，但是很少主动追求亲密关系。不管是确立关系之初还是以后，基本都需要对方来主动把关系往前推进

一步。

即使回避型依恋者真的与他人结成了恋人关系，感情状态也比较稳定，但是过了一段时间，回避型依恋者会本能地开始怀疑起这段关系的稳定性。换句话说，他们是不相信长久的亲密关系能够存在的，他们普遍认为爱很短暂，不过是转瞬即逝的烟火罢了。

由于这种心态作祟，即使他们遇到了值得坚守的亲密关系，也会控制不住，自己人为地破坏掉这段稳定的关系。

比如明知道长时间不回你信息是不对的，但就是不想回；又比如明知道谈了这么久的恋爱，面对你关于未来的规划时应该有所回应，但是就是不会回应。

让人为难的是，对方无法通过良性的争吵来改变回避型依恋者。因为他们非常害怕争执，只要发生争执，他们的第一感觉就是“分别的时候到了”。

这是因为他们的内在保护机制启动了，他们喜欢通过回避来处理感情问题，只有主动离开伴侣，才会获得“不被抛弃”的安全感。

很多不理解回避型依恋者的人，都会把这样的行为误判为对方“不爱了”的标志，但对于回避型依恋者来说，这只是他们固有的“亲密关系是不会稳定的”的观念在潜意识里暗暗捣鬼罢了。

于是悲剧像是巫师的诅咒般上演，在他们的人生中反反复复出现。在我的咨询经验中，不少回避型依恋者，他们每次分手的原因往往如出一辙。

三、恋爱经历很有可能很丰富

可不要以为回避型依恋者就是一群感情上的失败者。在回避型的人当中，恋爱经历比你丰富的人应该不在少数。有人可能会好奇地问我：“你不是说回避型依恋者一向是比较孤僻的吗，那为什么他们会有丰富的恋爱经历？”

的确，回避型依恋者总体给人的印象是孤僻，但你别忘了，在他们的思维认知里面，过于亲密的关系等同于伤害，因此他们不断地开启全新的亲密关系，这是他们欺骗自己、逃避伤害的一种方式。他们会在心里告诉自己：“谁说我有亲密关系无能了？我好得很，一直在谈恋爱。”但其实他们和任何人都达不到真正亲密的热度，只是在亲密关系的边缘徘徊。

四、自我价值常常会摆在情感需求之前

回避型依恋者普遍是非常重个人价值、轻感情的，与看重感情、看重家庭温暖的焦虑型依恋者完全相反。

由于极其重视自我的充实与发展，回避型依恋者绝非一味听从他人的“受气包”，更不是喜欢逃避困难的“回避者”，这是他们与“讨好型人格”最大的区别。相反，他们大多在学习上、事业上能力超群，能够迎难而上，甚至能在很多事情中扮演主导者的角色。他们只是不愿意让朋友、爱人走进自己的内心而已。

五、害怕在情感上做决定

由于原生家庭的缘故，回避型的人很少拥有自我决策权，哪怕是想要买一件衣服这样的小事，也得经过强势父母的同意才可以，有时候明明自己不喜欢，但也要为了父母的高兴而委屈自己。

长期以来形成的此种思维模式，使得回避型依恋者在成年后，一方面害怕自己的自主决策权再次被夺走，另一方面害怕做决定，于是常常会陷入纠结的状态。所以，回避型依恋者，不少会有情感上的选择困难症。

由于他们在成长过程中很少得到认可，回避型依恋者尽管非常优秀，也往往会陷入自卑。他们总认为自己不配得到爱，无法承受别人无条件地对自己好。

比如在生日派对上，收到了好友送的礼物，普通人的第一反应肯定是开心自己能被人惦记；但是回避型依恋者往往在收礼的一瞬间，脑海中就上演了一出关于该回礼的“内心大戏”了。他们觉得无条件的好反而是负担，急于想要回报来减轻自己的“负罪感”，但又因为不擅长做决定而陷入纠结。

在他们看来，无论自己买什么，都有可能不合你的心意，都不够好。所以在和回避型依恋者相处的过程中，你应该明确表达出自己的需求，或者引导他来询问你的意见。

六、倾向于对伴侣做出负面评价

回避型依恋者更倾向于对伴侣做出负面评价，也会很容易挑对方的“毛病”。即使恋人给了他们支持、温暖和关爱，他们依然毫不留情地对恋人加以贬损。

这种行为模式的根源在于回避型依恋者很难相信稳定的亲密感。当他们感受到恋人的真切关怀时，要么视而不见，要么贬低恋人关爱的价值，以便保持心理平衡，让自己不要欠太多的“恩情债”，继续排斥亲密关系。

尽管自己是如此苛刻，回避型依恋者在与周围人相处的过程中也会存在讨好的一面，因为他们是比常人更加渴望得到他人的认可的，看起来对一切都毫不在乎的他们，内心深处对别人的负面评价极度敏感。

回避型依恋者的这六大特点，让他们既可恨又充满魅力。他们的这种心理和行为模式，既是他们人生中不断积极开拓、取得成功的动力，但同时也是他们用“我不需要爱”的自欺掏空自己人生的万恶之源。

“没有那种世俗的愿望”

> 回避型依恋者的烦恼，其实是一种“世外高人”的烦恼。他们最容易面对的困境，是人生无所寄托，成为一个无牵无挂的“空心人”。

虽然“回避型人格”和“回避型依恋”都用到了“回避”这个词，但本书中针对的“回避型依恋”，和通常所说的“回避型人格”在人际关系中的表现其实是有一定区别的。

有一句流行的话，用在回避型依恋者身上再合适不过了，他们“没有那种世俗的愿望”。

同样是厌恶社交，“回避型人格”更在意他人的反应，很容易因此受伤。“回避型人格”那种害怕被抛弃的不安感，会比回避型依恋者更为强烈。所以与其害怕失去对方，不如自己率先离去。

比如《美女与野兽》中的野兽，他的苦恼就源于一对矛盾：他心中渴望被爱，但他害怕自己原形毕露后被对方抛弃。

相比之下，回避型依恋者展现出一种世外高人般的淡定，喜欢与人保持距离，对人际关系看得很淡。

不管是“回避型人格”还是“回避型依恋”，假设他们仍然与另一半处在亲密关系中，并且没有爆发矛盾，步入恋爱的中后期阶段，都是会出现过度依赖的状态的。

一般来讲，“回避型人格”的人往往在对外关系和亲密关系中，表现出两副截然不同的面孔。有一副面孔是给外人看的，而他们为了刻意保持距离，往往会处处追求“标准答案”，始终戴着“好孩子”的面具，这种行为尽管是出于他们自我保护的本能，但容易让人感到虚伪，很难让彼此的关系更进一步。

但是只要越过了这道防线，就能看见“回避型人格”的人更深层的内心，同时他们也会呈现出强烈渴求被爱与被认可的一面，当然也会对另一半提出更好的期待和要求，并常常会对自己所依赖的对象，抛出犀利和否定的评价。

与“渴望爱又害怕爱”的“回避型人格”不同，在回避型依恋者的世界中，他们很少会有产生纠纷的场合，因此也就很少会有烦恼。

回避型依恋者的生活方式，就是以回避那些令人烦恼的“麻烦”为最优先的考虑。如果亲密关系没有让他们感觉到麻烦，他们会表现和常人无差异的状态。一旦当他们觉得亲密关系是件麻烦事后，才会开始选择后撤，也就是不期待、不迎合的态度。

因此也可以这么说，“回避型依恋”在关系中的潜伏期，会比“回避型人格”更长一些。你会一直觉得回避型依恋者是比较独立、比较成熟的人，直到你们的关系足够深入，你才猛然发现回避型依恋者的特殊。

“回避型人格”的人，因为对“他人是否能够接受自己”这件事过于敏感，所以会主动避免与对方的接触。但是回避型依恋者则不同，他们在这方面的态度是毫不在乎的，无论是正面评价还是负面评价，他们的反应都很迟钝。他们在人际关系（亲密关系）和社会性等方面，采取的都是回避的态度，只是维持表面上的礼尚往来。

这两类人都缺少积极主动的意愿和行动力，比起与他人亲密交往起来，更喜欢独处，非常不善于应对感情上的问题和交流，所以也不愿意过多去涉及。

绝大部分回避型依恋者对于私密空间的需求感很高，处理不当就会非常容易让对方误以为你处于防备状态。

还有部分回避型依恋者，表面看似高冷，实则对爱有着强烈的渴求，也就是所谓的假性独立者，他们常常压抑自己对亲密关系的诉求，借口不需要恋爱来逃避问题，所以对他们而言，进入一段亲密关系是非常困难的。

最初受到外部伤害时候，回避型依恋者会有理智的反应，看不出明显的情绪表达。此刻，他们的情绪上就好像加上了一把“理智锁”，冷得可怕。

可是，情绪仍然会反扑。在后期受到伤害的时候，他们反而更容易用情绪化选择，替代正常的分析应对，通常在恋爱中表现为遇到问题，通过换人来解决，就是这种内在逻辑的外化。

很多找我的咨询者都会说自己或是自己的伴侣是回避型依恋者，他们在人际关系中往往有如下特征：

- ○ 保持距离，不喜欢过于亲密的关系；
- ○ 不信任或依靠别人，也怕别人依靠自己；
- ○ 很少主动；
- ○ 在关系中习惯放弃和退缩。

这些特征，可能让他们为之自豪，也可能让他们在现实中避免很多的麻烦和纠纷，但是也会导致错过很多美好，失去很多朋友。

完全受不了，但是还想要

> 越是在意，往往越说不出口那句“我需要你”。

还有一部分回避型依恋者的症状更严重，心理学上称之为恐惧型依恋者。**恐惧型依恋是回避型依恋的升级版**。如果说回避型依恋在亲密关系中的表现是单纯的逃避状态，那么恐惧型依恋可以算是**回避和焦虑的结合体**。对于亲密关系，他们**看似完全接受不了，但是又非常渴望能够得到**。

恐惧型依恋充分兼具了回避型依恋对于亲密关系的排斥，与此同时它也具备了焦虑型依恋对于亲密关系的向往和追求。

正是出于这个因素，恐惧型依恋者在关系中的表现是不稳定的，时而焦虑时而恐惧。

在恋爱关系中，恐惧型依恋者一直处于“来这里——走出去”的怪圈中。和焦虑型依恋者一样，他们是渴望被爱的感觉的，因此在面对有好感的异性的时候，会慢慢地靠近对方；但是一旦当关系真的确立，他们与回避型依恋者同样的防御机制就会被触动，所以很有可能会通过冷落来推开自己喜欢的人。但一旦对方离开了，他们内心的焦虑感又随之而来，促使他们在有行动空间的前提下再次去靠近所喜欢的人。

行为上的混乱，是恐惧型依恋者的本能表现。写到这里，我认为和恐惧型依恋者谈恋爱，用“虐恋”二字形容再贴切不过了。

恐惧型依恋者有着较低的自尊心，同时也较为敏感。他们常常认为自己是不可能被人爱上的，认为自己不值得被爱。就算是遇到了愿意为他们停留的伴侣，他们自己也通常会因为一些相处中伴侣为自己忍让的小事而敏感自责，认为是因为自己的不完美才会让对方受累。

他们很懊恼自己的表现，觉得让伴侣迁就自己是一件不值得的事情。如果他们要拜托伴侣做些什么，他们就会觉得自己是迫害者，而对方是无辜的受害者，从而导致他们自我印象中的个人价值感更低。所以他们在亲密关系中若即若离，一惊一乍。很多时候这都是源于他们悬而未决的恐惧。

他们不认为自己具有吸引对方的魅力，认为伴侣对自己的爱是有条件的。想要获得对方的青睐，自己必须付出很多，表现得很出众才可以。

这种过度寻求保护的行为常常会让另一半感到不适，也就像我前面所说的，即使伴侣愿意为他们去改变，恐惧型依恋者也会在负面怀疑中贬低自己的价值，提前抽身离开。

随着多次对亲密关系的无助感进行强化，最后会演变为习得性无助，使得他们放弃挣扎，进入无力的状态。

上述总结下来，恐惧型依恋者的想法常常较为负面，认为自己哪里都不够好，认为让伴侣看到他们的缺点，就会被抛弃。

这是他们在想法层面的感受，同时他们对待事物的看法也同样消极。他们会倾向于贬低伴侣为他们做的改变，觉得他们不值得对方这么去付出。

我曾经遇到过一个案例，咨询者就是典型的恐惧型人格，她在咨询的过程中和我说得最多的话就是：“老师，我好害怕他现在这个样子是完全不值得的，我害怕复合后，我仍然会让他失望，我现在看到他努力一分，我就自责一分，我都不敢脚踏实地地接触对方。”

回避型依恋者主要是感觉到两人在一起不舒服，就是这种单纯的不舒适，不自然的感觉，就会让他们想要逃离；而恐惧型依恋者，对于亲密关系是处于恐惧的状态，他们不但担心自己会受伤害，同时担心另一半会也会受到伤害，所以想要逃离。

回避型依恋者通常害怕做决定，常常会因为需要自己做出选择而陷入逃避的状态。而恐惧型依恋者恰恰相反，他们习惯于替伴侣做决定。恐惧型依恋者如果认为和你的关系无法继续下去的时候，他们往往会主动提出自己终止关系。

此外，恐惧型依恋者和回避型依恋者又有相似之处——在亲密关系中都不善于言谈。越是在意，往往越说不出口那句“我需要你”。

当对方表现出亲近或对他们的关心和爱意的时候，恐惧型依恋者也很少描述自己的感受和需求，习惯用敷衍或若无其事来掩盖自己内心的不安，转移对方的注意力。希望对方不要过于在意他们；当他们出现焦虑的心态，害怕对方要离开的时候，也是通过无关痛痒的话去表达的。

恐惧型依恋者习惯性地隐藏痛苦，并否认自己的脆弱。即使他们需要情感上的支持，也不会明说，而是运用间接的方式表达，希望对方能够靠“猜”去了解他们的想法。生闷气、抱怨、暗示、转移话题是常有的事。在沟通的过程中，不断删除已输出的内容，最后放弃沟通，给人留下迟钝或防御的印象。

即使你想用面谈的方式来解决问题，他们也很难会配合你把话题引入深处，只会流于表面，让另一半常常会有一种无奈感。

恐惧型依恋是更深层次的回避型依恋者。不过，他们反复纠结、既挣扎又渴望的心理，和回避型依恋者没有本质不同。如果你能走出回避型依恋，恐惧型依恋也自然会迎刃而解。

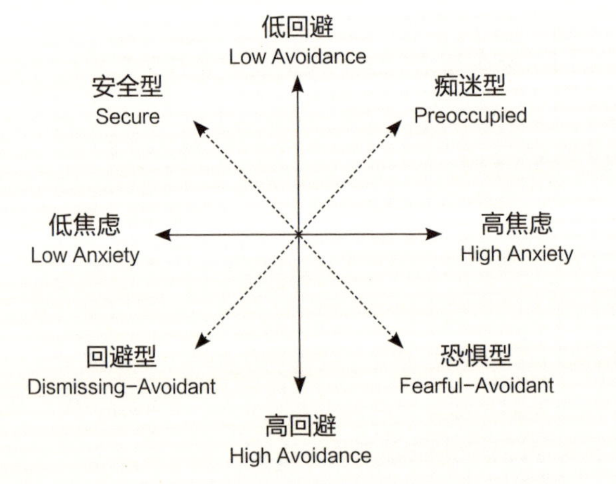

四种类型对照图

第二章

既冷漠又痴情的一群人

他们无法接受自己的缺点，

不敢袒露自己脆弱的一面。

甚至连真实的愤怒也被他们视作失控，

进而当作弱点，小心翼翼地加以隐藏。

所谓的“对的人”，只是自己骗自己

> 别说谈恋爱了，他们连一个交心的朋友都没有，却始终用“还没有遇到对的人”来欺骗自己。

回避型依恋者的回避，是发自内心的防御机制。和有没有遇到十分喜欢的人，关联并不大。

我遇到过部分咨询者，当他们回避的状态比较严重时，就连面对喜欢的人，也会由于自卑感作祟，发自内心地感觉自己配不上对方。

有些人在没有确立亲密关系的时候，就因为自卑而产生畏惧心理，甚至连亲密关系本身都让他们感到恐慌，这种人被称作“完全的回避型依恋”。

而另一些人在亲密关系确立前，能表现出和正常人一样的相处方式，能积极和你聊天、向往肢体接触，有正常的社交圈，甚至能让你完全察觉不到任何异样，直到确立起关系后，才会开启回避机制，这种人被称作“不完全的回避型依恋”。

回避型依恋者们有的表面上看起来交友广泛，是社交活跃分子；也有不少人结婚生子，过着安稳的家庭生活。但他们都有一个共同特点：他们的内心中最隐秘的领域是关闭的，他们身边找不出一个称得上“挚友”的人，跟家人也很少进行深层交流，只是一味沉浸在自己的世界。

之所以关闭内心世界，还是因为这些人的自卑心理在作祟。他们无法接受自己的缺点，不敢袒露自己脆弱的一面。甚至连真实的愤怒也被他们视作失控，进而当作弱点，小心翼翼地加以隐藏。

这些人从一开始就认定绝对不能指望别人，潜意识中总觉得如果不小心示弱，不是被批评，就是导致更糟的结局。这和原生家庭的养育环境，或他们长大后的生活环境有关，二者要么全部兼具，要么就一定占其一。

就比如我去年遇到的一位咨询者，她的丈夫是完全的回避型依恋者，不仅对待亲密关系的状态是冷漠和疏离的，连普通的人际交往也无法顺利进行，常常独来独往，难以信任他人，尽管他自己已经担任公司高层，也只和一些人维持浮于表面的人情往来。

通过女咨询者的描述，我深挖了她丈夫的成长环境，才得知他从小就是在“打压式”教育中长大的。他十八岁便来到美国读书，从此就过上了需要自己照顾自己的独身生活。之前他曾经谈过两次恋爱，最长也仅持续了三个月。在国外，他无亲无故，在父母的期待中一直“报喜不报忧”，遇到再难的事情也只能自己解决，因此心理负担很重，渐渐形成了回避型依恋的性格。

我问我的咨询者，你为什么会选择和这样的男人结婚？她给出的回答是“和我谈恋爱的过程中，他对我几乎可以说是言听计从，我说的话他向来都是全盘接受，我觉得他挺体贴的，处处都能考虑到我的意思，那时候我家里也催得急，于是就结婚了”。

但是在婚后，她却感到老公对自己的赞同更像一种敷衍，每次试着和他聊一些深层话题，都无法推进下去。久而久之，她感到和他在一起很累，他更像一个室友，而不是真正的家人。不管她怎么努力，家里都没有应有的温馨。所以她走入了我的咨询室，想知道问题出在哪里。

在这里也想奉劝大家，选择步入婚姻前，要清楚地了解对方的为人，清楚地感知你们的相处模式是否合拍，多接触了解一段时间后再考虑结婚，这样才是对你们的终身大事负责。

回避型依恋者由于不敢示弱，必须时常处于“游离/逃走”的状态，才会感到放心。在婴幼儿时期曾被忽视的回避型依恋者，特别容易出现这种倾向。这种感觉就好像流浪狗被人饲养后，有了可以居住的狗屋，但还是会感到局促，结果仍然跑出去回归流浪生活一样。

对于回避型依恋者而言，确立关系、结婚生子等喜事，就等同于剥夺自由的枷锁。即使按照社会的常理与世俗价值观生活，他们内心深处还是觉得很勉强。

从另一种意义来说，曾经被过度掌控的回避型依恋者，也会抗拒责任与负荷。对于这种类型的人而言，他们像拉车的马，不断被鞭打着往前走。这类的人在童年快要结束时，就已厌倦受人掌控的生活，长大之后还是认为无论自己做什么，只要失败就会遭到斥责，从而养成少做少错的思考及行为模式。

因此，回避型依恋者往往怯于挑战新鲜事物。

整体来说，无论是完全型还是不完全型的回避型依恋者，只要有稳定安全的依恋形式，即使生活上遇到问题或难以适应社会时，产生的问题较小，也较容易发挥自己原本的特长，使人生走向顺利的道路。所以，早日建立稳定安全的依恋模式，对他们而言是非常重要的事。

所以，回避型依恋者很难找到另一半，并不是因为“没有遇到对的人”。意识到真正的问题所在，才是改变的第一步。

那个折磨你的人，其实比你还痛苦

> 忽冷忽热、若即若离的人太讨厌了。但具有这种外在表现的人，也有可能出于几种不同的心理状态。

现在流行一句话："他只是没那么爱你。"这句话暗含的意思是，如果对方不打电话，不约你出去，那么他其实不是没有时间，而仅仅是没那么爱你。言下之意，还是早点放弃这个不够爱你的人吧。

但本书要告诉你，还是要仔细甄别，不要简单粗暴地把这些行为解读为"对方不够爱你"的信号。有可能，这个让你抓狂的对象，内心正在经历一番你难以想象的磨难。

有一种可能是，对方是个回避型依恋者。你和这种人恋爱时，绝对能够感受到一种既亲近、又疏离的纠结感。

首先是情感上的亲近。不少人在和回避型依恋者的交往前期，都会误以为他们是安全型依恋者，因为他们要温柔有温柔，要体贴有体贴，甚至会让人暗自窃喜自己竟然能够找到这样一个“灵魂伴侣”。你作为当事人，是绝不会怀疑对方不喜欢你的。

其次是亲近之后的疏离。等到相处了一段时间后，你们确立了关系，身体上有了进一步的接触，此时你希望对方比以前更关心你，但他们却做不到，甚至连之前的程度也做不到了，开始时不时地把你推远。

比如，他们会推掉约会，动不动两三个小时不回复信息。你开始慌张，用讲道理或责备的方式表达自己的不安，而一旦你这么做了，对方会把你推得更远，甚至在一段时间内不再联系。

在这个过程中，回避型依恋者还会因为愧疚，时而对你特别好，时而又完全不理你，表现出一副若即若离的姿态。你会体验到过山车般的刺激感，也会觉得对方和你谈恋爱，谈得很纠结，好像很喜欢你，又好像不喜欢你似的。

如果你有这种疑虑的产生，那对方的回避型依恋的人格特征，就坐实无疑了。

当他们这样做的时候，其实除了给你造成困扰之外，他们自己的内心也在经历着一场暴风雨。如果你了解到了这些，就能明白，这种情况不是出于对方的恶意，也能更从容地面对。

而回避型依恋者给对方造成的困扰，常常被误会成以下四种情况，下文中将一一说明。

◎ 和花心的区别

我们常说的“花心”，在如下四个方面和回避型依恋不同：

1.“花心”的人在遇到你之后，对你展开穷追猛打的追求，对你迅速示好，似乎非常急迫地想和你拥有未来；而回避型依恋谈到未来往往三缄其口。

2. 当你开始对“花心”的人感兴趣的时候，他们开始向你提出一些不合时宜的话题来试探你的底线，直接或暗示你他们看中了什么，要你送给他们；而回避型依恋者往往不喜欢麻烦人，更不会想要欠你的情。

3.“花心”的人形象往往过于完美。你喜欢什么样子的，他们就能变成什么样子；回避型依恋者一如既往，不会为其他人做任何改变。

4.“花心”的人在关系的甜蜜期过后，会找各种借口开始冷落你，让你患得患失，有时候还会消失很久，然后再跟你编个借口，实际上是自己找空档另寻新欢；而回避型依恋者则有可能无法进入关系的甜蜜期。

◎ 和不够喜欢的区别

不够喜欢的你的人，聊天时绝大部分信息都是采用“嗯”“哦”“好的”等敷衍性回答。整个相处的阶段，没聊几分钟，对方就没了影子。单方面不主动、不配合，整段关系全靠你一个人“死撑”。

而回避型依恋者则不同。一开始你几乎察觉不到他们的异样，甚至把对方当作正常人去对待，感情升温的阶段，通宵聊天都屡见不鲜。

在没有矛盾前（比如，另一半开始怀疑对方不够爱自己，通过一些激进的方式来获得回避型依恋者的关注），绝大多数情况下，回避型依恋者和你聊天的态度一定是积极的，但也不排除会出现“玩失踪”的情景。也就是说和回避型依恋者恋爱，在聊天积极度方面，总体上呈现出上升趋势，但也会忽高忽低。

从我的咨询经验中来看，遇到过另一半想要推进关系，回避型依恋者就马上后撤的案例，通常占20%左右。但我发现这样的案例基本都有个前提条件，要么就是回避型依恋者都还没承认和对方是恋人的关系，要么就是相处时间过短（一个月到三个月以内）。这时候另一半想要拉近距离，因为没有合理的人设，或相处时间不长，回避型依恋者通常头一次就会开始往后撤。

还有一类情形是另一半想要推进关系，回避型依恋者刚开始会说服自己配合，但实践一阵子后，仍发现自己无法配合好所导致的后撤。这样的案例通常占80%左右。也就是说回避型依恋者有尝试过努力去改善二人的关系，但是可能是你引导方式的问题，导致回避型依恋者在实践过程中还是摸不着头脑，从而导致了后期被动和逃避的表现。

在这个过程中，我们既能够感受到他们和你情感上的亲近，但是在行为上又时不时把你推开。当你感受到他们的纠结时，那对方基本就是回避型依恋者无疑了。

◎ 回避型依恋与性单恋的区别

某个人之前喜欢你，但只要你表现出喜欢他，他就会讨厌你。世界上有这样的人吗？有。我们把这种类型定性为性单恋者，而非回避型依恋者。

性单恋则特指爱情关系方面，会讨厌所有爱上他们的人。它是“无浪漫倾向”中的一种，指的是对某人产生爱恋，却不希望获得来自对方的情感回应。

性单恋者的爱是矛盾的：一旦有人对他们表达爱慕之情，不管他们之前对你是什么感觉，马上会开始想要逃离。

我们之所以分不清回避型依恋者和性单恋者，是因为他们都表现出一个共同点：当你感觉可以和对方进入一段亲密关系时，他们都是采取了一致的回避行为。

但回避型依恋者和性单恋者是不同的。

那是因为对于性单恋者来讲，一开始当他们遇上喜欢的人，希望能够从对方那边获得正面的反馈，得到积极的感受。

这个时候，对方对他们而言有存在的价值。

就像你很喜欢一个名牌包，没钱买，但每次逛街路过橱窗时都会很在意它。而当你有一天攒够钱买下了它的时候，就会失去对它的兴趣。

性单恋者也是一样。当别人也喜欢自己时，就无法继续获得从对方身上产生的积极的自我满足感。这就等于你已经买下了那个名牌包，失去了兴趣，就会觉得自己开始没那么喜欢了。

当性单恋者单方面喜欢一个人的时候，会充满活力，感觉整个世界都是美好的，就像打游戏闯关那样，充满干劲。但等到真的有一天把关卡全部闯过了，这个游戏也就失去了它存在的意义。

而回避型依恋者往往回避的是别人过于靠近的关心和亲密。比如所有的回避型依恋者一定会本能地抗拒亲密关系，但他们并不一定会抗拒亲情和友情。

这是因为爱情给他们带来的联结是最为紧密的，而友情和亲情相对宽松。我也遇到过一部分咨询者，他们的回避仅仅针对恋人，但和家人、朋友，却能如鱼得水。

大部分回避型依恋者都有着一个创伤性的原生家庭，要么是父母没办法给予他们想要的关爱，要么是父母有着强势的控制欲，虽然有关爱，但没办法满足他们内心真正的需求。

他们极度缺乏安全感，不信任亲密关系，也不相信自己能拥有稳定的关系。他们不相信别人，只相信自己。

所以他们要从别人身上索取，来证明别人是安全可靠的。但是当你对他们产生亲近感，他们反而会感觉到自己的领地被入侵了，然后就会拉开自己和他人的距离。

回避型依恋是一种“贫穷”的人格。他们内心并不是富足的，仅仅为了保护自己那一丁点儿可怜的“财富”（安全感、独立感、自我空间等），就断送了一段本可以正常发展的关系，在常人眼里，都是无法理解的。

但如果你能够做好打长期战的准备，和他们的关系是可以慢慢升温的，让他们相信你不会伤害他，依旧是有机会打开他们的心门，促成一段稳定关系的发展的。

有经验的人，可以明显察觉到他们对别人“情感上的亲近和行为上的疏离”的这种纠结。并且他们的回避行为多半是在确立恋人关系后才会开启。

◎ 与情绪不稳定的边缘型人格障碍者的区别

边缘型人格障碍（简称BPD）的典型特征为“稳定的不稳定”。主要包括不稳定的情绪、不稳定的自我意识和明显的冲动性。

我的同事小白与一个在相亲网站上认识的男生认识有半年多了，之所以用“认识”，而非用“交往”一词，是因为他们并未真正交往过，他们是在相亲网站认识的，那就意味着二人关系的开始是以“婚姻”为目的。

小白和我说，可以肯定他确实是单身，然而每当二人的关系有了那么一丝暧昧时，对方就会消失不见，手机设置为屏蔽她的电话号码，各种社交软件也是灰色，就像人间蒸发了一样。

关于这位未曾谋面的相亲对象，小白和我抱怨了好一阵子。等到小白对男生的态度感到不耐烦，在各种通信工具上删除了他时，奇怪的事情发生了，这位男生又会锲而不舍地开始“追求”她，反复加她的QQ，他竟然能坚持近半年的时间。

有一天，小白和我谈论时，终于做了个决断。她认为：“对方的条件也不差，身边应该是不缺女人的，既然能在我身上花这么多时间精力，那应该是真的喜欢我吧？我爸妈最近催婚催得急，我还是给他个机会吧。”

于是两个人相约出来吃饭，顺其自然地，男生向小白表白了，说了很多让人感动的话。

似乎事情发展到这里，绝大部分人都认为这段关系已经要走到恋爱阶段了，然而出乎意料的情况再次逆转，表白事件过后，两个人的关系却丝毫没有进展——他们并没有自然过渡到谈婚论嫁的阶段，就像是那天的烛光晚餐和动情表白从未发生过一样。

他们至今还保持联系，在工作上，男生总是及时提供许多帮助，然而却不谈感情。小白现在知道不能再在社交软件上再次拉黑他，以免再被疯狂“追求”，但二人的关系也不能再进一步了。

看到这里，也许会有不少人觉得小白的这位相亲对象人品有问题。但是这位男生和小白相处中又绝对做到了尽心尽力，他之所以会有这样的行为表现，多半是边缘型人格障碍所导致的。

这种人的特点是：

- 不太清楚自己是谁，是什么样的人，对这一点的认识经常摇摆；
- 总是有一种持续的、无法摆脱的空虚感；
- 总是担心自己被抛弃，往往因此做出很多冲动极端的行为；
- 有时候会过于理想化一个人或者自己和对方的关系，有时候又忽然对对方或彼此的关系非常不认同、贬低、甚至厌恶；
- 易怒，有时候控制不住自己的愤怒，有攻击性。

你可以把这些看作对边缘型人格障碍的一种很感性的认识，当然，并不是所有有上述行为和感受的人都真的患有BPD，如果需要，请去找专业的心理医生进行诊断。

就如我上文说的那位让人摸不着头脑的男生，他真的有病吗？我没和他亲自接触过，不好做准确的判断。但是根据我同事小白的描述，我可以断定他很可能是边缘型人格障碍者。当时我也和小白说过这种想法，但是小白那时候被爸妈催得太急，才接受了这位男生的表白。

边缘人格障碍者也有很多不同的类型，有的人在愤怒方面表现更显著，有的人则在空虚感、自杀想法方面表现更严重，有的人在“时而理想化他人，时而贬低他人”的方面表现更严重。

总体来说，他们最容易表现出以下四个方面的问题：

- 情绪激烈变化
  （尤其是亲密关系中对另一半的感受）；
- 人际关系容易有冲突，甚至“疾风暴雨”；
- 可能有冲动性自毁行为；
- 缺乏清晰的、前后一致的自我认知感。

边缘型人格障碍者很常见的一个问题是自我认同的障碍，也就是说，他们会时而觉得自己像明星一般光芒万丈，时而又觉得自己像路边的野花野草一般一文不值。

这样反复的、差异过大的自我认同，导致他们时而自信、时而自卑，时而自尊自爱、时而自暴自弃，让身边的人，尤其伴侣产生很大的不适。

同时他们常常分不清真实感受与想象出来的场景感受的差别。他们也不相信自己的感受，明明对某事的感觉非常不好，却认为这是应该的、正常的，还是会继续去做那件事，但事后又感到痛苦，那时候他们感受到的痛苦已经超出常人能理解的范围。

边缘型人格障碍者情绪极度不稳定，上一刻还在喜笑颜开，下一秒就开始痛哭流涕。他们往往无法控制自己的情绪，到了负面情绪来到的那一刻，往往是任由情绪控制自己（正常人往往会成为情绪的主人，而边缘型人格障碍者则恰恰相反），疯了一般地把想做的事情和想说的话，一股脑地不顾后果地倾泻出去。事后等他们清醒过来，又会觉得很懊恼自己的行为。可是下一次他们还会继续那样做。

边缘型人格障碍者在爱情中，最常表现出来的就是反复无常，他们对爱有着一种近乎饥渴般的渴望，所以常常会奋不顾身地、像飞蛾扑火般地扑到他们认为理想的爱情中去。

然而当这段感情趋于稳定，他们就会开始患得患失，既怕靠得太近会遭受被抛弃的痛苦，又怕离得太远让他们感受不到爱意，因此亲密关系的分分合合是常见的表现。在这样反反复复的自我折磨中，空虚感也就随之而来了。这种空虚并不是无聊，而是与孤独和需求感相关联。

边缘型人格障碍者和回避型依恋者的明显区别就是——情绪的稳定性。前者的情绪是一条忽上忽下的波浪线；而回避型依恋者的情绪则是一条水平的直线，他们对你的回避是一种趋于稳定的状态。

边缘型人格障碍其实就是内心的空洞太大太深了，才导致在行为和情绪上有这么多的问题。只要意识到了问题并且愿意下足功夫去解决它，生活是能够步入正轨的。

我们谈到上面这四种类型，只是为了和回避型依恋者做出区分，它们本身不是本书讨论的范围。

如果你真的遇到了回避型依恋者，或者自己就是回避型依恋者，要相信，这种情况也是可以缓和的。你可以做的是，在稳定当下依恋模式的基础上，努力朝着安全型的方向发展，但做不到也没关系。

也就是说想要“治愈”回避型依恋，我们应该在尊重对方回避型依恋者的基础上，尽力把他们的行为模式往安全型上面引导，让他们多模仿配合后形成习惯，进而达到改变的效果。

被“善意虐待”过的人们

为什么人们那么讨厌“我是为你好”？

回避型依恋的形成，是一个很复杂的多因素过程，分为家庭因素和后天环境因素。

由于每个人的后天环境因素各不相同，而家庭因素则更有规律，我主要就幼年时的成长环境，也就是原生家庭，来讨论一下回避型依恋的成因。

在婴幼儿时期表现出的回避型依恋，往往都是因为被忽视或长期处于关心不足的环境所导致的。

也许，你曾经经历过一段被关爱的时期，后来这份关爱却消失了。这种已经失去的拥有，有可能诱发回避型依恋的形成。尤其是在一些离异重组的家庭，更容易出现这种现象。

当然如果在他们以后的生活中，能够出现一个代替缺失方的人来表达对他们的关爱的话，那他们心目中“不再渴求被爱”与“过度渴求被爱”的愿望就会发生冲突，这样一来，他们就会有一定概率成为回避型依恋者。

另外还有一种情况是，父母很迁就地给予了照顾，但是由于父母自身属于不稳定的依恋类型，孩子也会有可能成为不稳定的依恋类型。

当回避型依恋者的需求被及时给予的时候，他们心目中才会产生安全感，才能慢慢形成稳定的依恋关系。

回避型依恋者的安全感要靠外部的力量补足，让他们慢慢地信任关系，从而能够相信关系。

最后还有一类原生家庭的影响，也是导致回避型依恋者性格养成的原因。那就是完全不顾本人的意愿，父母单方面地给予过高的期待和不适宜的照顾。比如你完全不冷，但是照料者觉得你很冷，就不断地给你加衣服；再比如你喜欢小提琴，父母却粗暴地认为那“不是正路”。

在一些家庭中，上下代之间仅存在“应答式反馈”。而稳定的依恋关系，是需要当本人有需求时，被给予共鸣性反馈的基础上，才能形成的。如果是动物的话，也许只需要“应答性反馈”就足够了，但是我们是情感高度发达的人类，对于反馈有着更高的需求，那就是“共鸣式反馈”。

共鸣性反馈指的是，在接受你提供的信息时，对方不单单能够给予结果反馈，还要能够体谅你的心情。当你感到悲伤时给予理解；当你感到快乐时，给予强化，而非“泼冷水”。

如果回应方完全无法体谅你的心情，即使回应方这么做是出于“为你好”的善意，但是对于回避型依恋者来说，他们会觉得自己的个体独立性受到了伤害，只能感受到痛苦和受挫。

此外，虽说是善意，但最终变成了近似“虐待”的感觉。这种“善意的虐待”，在近几年我了解到的回避型依恋的成因中，也扮演了重要的角色。

特别是在独生子女的家庭中，如果父母的期待和完美主义过于强烈，或者父母很不擅长理解孩子的心情的话，也很容易发生这种善意的虐待，而孩子成人后和父母的关系就容易比较疏离。

如果是有可逃避余地的人，那么这种伤害还会比较浅，但是对于“亲子关系”这样“密封”的相处模式来讲，当事人是很难有可供逃避的余地的。

因为一直在父母的强迫与支配下长大，他们成年后，通常喜欢上离家较远的大学，表现得较为叛逆，以便尽早从眼前的不快生活中逃离出去。

我讲这些道理，不是为他们开脱，只是希望站在一个客观公正的角度帮助大家了解这类人格，也希望做了父母的人，以后用更科学的方式和孩子沟通。

你只是看起来在换位思考

> 回避型依恋者经常给人一种不懂换位思考的感觉，这是因为他们的思考只是简单“换位”，并不改变思维模式。

在亲密关系中最常见的表现是另一半也许是今天遇到了别人的打击、也许是处于情绪的低谷期，当需要回避型依恋者去照顾他们的负面情绪（委屈、低落、难过、痛苦）时，回避型依恋者通常的回答是：“你让我再想一想”“我不知道该怎么办”。

这个时候，需要被关注的另一方便会给回避型依恋者贴上

“自私”“冷酷无情”“不懂得换位思考”的标签。的确，从他们的视角来看，自身的需求没有得到一丁点儿来自回避型的回应，所以会贴上这类标签，完全是人之常情。

回避型依恋者有时候不是不会换位思考，而是由于他们的情绪感知能力是滞后的，从而错过了“需要体谅和理解对方”的时机。

但从回避型依恋者内心视角出发，由于长期对于情绪感知是迟钝的反应，导致他们在面对这种“突发状况”时，多半会处于更加“延时”的行为模式。比如，直到半个月过去了，回避型依恋者才会把当时的事情翻旧账，才会真正地关注到你那时候的需求，问一句：“你还好吗？”

这种感知能力滞后的特征，通常在分手的时候，回避型依恋者会拿生活中那些被你早就“抛弃”的鸡毛蒜皮的小事来举例，当作“想要分手”的证据。

我的好几个咨询者，就出现过类似的情形。

一位女咨询者找到我，说她觉得自己的男友对她有一些误会。在他们热恋期的时候，女咨询者曾多次夸过对方长得帅。

后来她看到对方的身份证照片，在这张照片上，对方看起来比现实中胖一点，她说了对方一句“有点可爱”。当时这件小事，她也没放在心上。

没想到在分手的时候，这个早就被她遗忘的事情，反而让对方一直耿耿于怀，对方认为女生早就没有那么欣赏他了。

本该当时就发泄出来的情绪点，直到分手的时候才向对方指出来，这种“延迟宣泄”，一方面是因为回避型依恋者会倾向于给伴侣的行为贴上负面标签；另一方面就是因为他们的情绪感知能力滞后。

还有的时候，回避型依恋者真的不会换位思考。他们通常习惯于活在自己的小宇宙里，很难感知到对方的情绪。即便是感知到了，也会把自己的冷漠强加到对方的身上，认为对方也应该这么做。

比如伴侣生病了，原本他们应该关心一下。对于多年来习惯自己照顾自己的回避型依恋者来讲，他们换位思考了一下，认为对自己来说，生病不是大事儿，对别人来说当然也不值得一提。

比如伴侣下班回家晚了，需要他们问一句“你安全到家了吗”，而这对于“独立自主”的回避型依恋者来讲，是矫情的、不必要的，这就不可避免地造成了另一半的委屈。

回避型依恋者绝大多数时候，都是完全从自我的单一视角出发，去进行换位思考，而对方真正的核心需求，往往并不是他们能够想到的答案。

我不是有意在帮回避型依恋者说好话。自己咨询案例多了后，我就能够发现50%以上分手的根源都是：当事人感知不到对方的核心需求是什么。

自己熟悉的事情，就认为对方也应该熟悉；自己认可的东西，就认为对方也应该认可。简单地说，这就是不懂得换位思考。你觉得这个世界是怎么样的，就认为别人也是这么想的，这就从根本上造成了彼此的沟通障碍。

当你和别人沟通的时候，会不自觉使用大量的你自己习以为常的观念，向对方传递信息，而完全不管对方是否能够接受。

我想这就是很多回避型依恋者都不具备换位思考能力的根本原因。如果伴侣间存在着沟通隔阂，导致信息不对称，就会引起一系列不必要的麻烦。

真正的换位思考，并不是一个人的能说会道，给予对方多大的帮助，而是能够句句戳中要害，给予对方想要的需求。对方可能只说了一半的话，你就能够感受到他90%甚至100%的需求，然后把事情做到位。

如果你有心的话，会发现你周围那些人缘好、情商高的人，都具备这样的能力。他们会考虑得很周到，能把事情做到别人心里去，所以无论做什么都能够给人一种“你做事，我放心”的感觉。

对于回避型依恋者来说，想做到换位思考有两个原则，第一是拥有共情能力，第二是保持足够理性。

有了共情能力，你就可以从对方身上获得更多的信息，这是换位思考的必要条件。沟通障碍所导致的“信息不对称”，也就是说，沟通仅仅是建立在你个人的设想上，与现实不符。

另外，在进行换位思考的时候，千万不要太感性，否则你会非常容易陷入任何一方的片面观点中，进行“思维博弈”，导致最后连你自己都不知道应该站在哪一边。而理性则能让你很快冷静下来，分析现有的信息，感知对方的核心需求。

这些建议仅仅是针对回避型依恋者的，因为他们本来就非常理性。我们不需要完全推翻这种优势，只需要顺着他们天然的优势，把他们“感知能力差”的劣势加以弥补就好。

越怕欠人情，越不懂珍惜

> 他们很独立，就是害怕欠这个世界太多。

对于习惯性疏离亲密关系的回避型依恋者来讲，他们并不是不懂得珍惜，只是内心的墙建得太高，加上情绪感知能力滞后，给外界一种“不近人情”的感觉。

回避型依恋者最大的特征在于不敢亏欠别人。他们不善于敞开自己的心房，即使对方试图亲近或释放善意，也只会流露出冷淡的态度。

比起跟别人相处，他们往往在独处时更能感受到轻松和乐趣。但回避型依恋者并非完全无法与人相处，只要有意愿也做得到，只是同时会感受到压抑和紧张，生怕和别人走得太近。

虽然回避型依恋者给外界的印象是孤僻和冷漠的，但并非所有回避型依恋者都是这样。也有部分回避型依恋者乍看之下充满自信又傲慢，甚至有丰富的社交圈，但他们会回避与他人建立长久的亲密关系，避免欠下人情，逃避随之而来的“良心债”。

他们从理性上认同责任感，也懂得“有恩必报”的原则，但是这对于他们来说是无法承受的压力。回避型依恋者不懂得如何依赖他人，也不会寻求他人的帮助。因为依赖别人，就意味着会有内疚感和亏欠感，需要更多的时间精力去弥补，这对他们来讲，比自己独立完成一件事更麻烦。

而在亲密关系中，信赖关系和能够相互亏欠的长久责任感息息相关，回避型依恋者往往感到困扰。即使生活上与经济上允许结婚生子，他们还是感到有压力，对婚姻持可有可无的态度。

所以除了不敢亏欠，回避型依恋者的另一特点就是压抑情感。这其实也与规避亲密关系密切相关，因为没有情感就不会有亲密关系，只有情感上的联结才会形成依恋，衍生出真正的亲密关系。

可是有了情感上的依恋，就意味着长久责任的诞生。对于回避型依恋者而言，依恋就像是脚上的枷锁，所以他们只能拥有疏离的依恋，不仅是为了逃避亲密关系，也是为了避免被长久的责任所束缚。

因此在和回避型依恋者相处前期，如果你们没有任何情感联结的前提，就不要故作好意去“硬帮”，这反而会起到反作用，让他们开始疏远你来获得内心的平衡。

我曾带过一个学生，她的前任就是回避型依恋者，她和我抱怨到自己和对方是通过相亲认识的，由于年纪也不小了，加上她本身有一些讨好型人格的倾向，和对方认识后，对方的长相、谈吐、阅历都是她所欣赏的，因此她很快沉溺在爱情中，不顾一切地对对方好，却很难从对方那里获得回报。这个心结直到她来和我咨询，才彻底解开。

也许会有读者纳闷：“既然他们有亏欠感，那直接以类似的回报来补足，这不就可以了吗？”但是对于回避型依恋者来讲，他们就仿佛一个不知所措的孩子一样，因为不擅长进行情感互动，也就很难感知对方的实际需要是什么。

实际上很多时候，外界看来的“不懂得珍惜”，只是由于他们不知道用什么方法去回应罢了。

因为回避型依恋者不知道该如何回应，他们习惯的相处机制又是逃避，所以在亲密关系中，常常会发生因冷暴力他人而分手的情况。

回避型是不喜欢亏欠人的，他们最向往礼尚往来的平衡相处模式。

但这不代表你需要纵容他们的“不知感激”。千万不要用“没关系”的包容心态去应对他们的冷漠，因为这其实会让回避型依恋者有深深的“负罪感”和“亏欠感”。他们会认为你是在压抑最真实的自我和他们在相处，但又不知道应该如何去解决，因为他们在亲密关系中是一个找不着方向的小孩。

因此假如你本身就属于比较典型的焦虑型依恋，那么你先需要建立自己在关系中的安全感，才能够在这段恋爱中真正实现换位思考，帮助回避型依恋者建立健康的亲密关系。千万不要“舍己为人”，因为你的付出有可能不会得到回报。

你的边界感，反而会慢慢改变他们觉得“亲密关系不值得信赖”的想法，从而与你建立起信任。信任是缓解回避的解药。所以，请不要轻易反问他为什么不愿意建立亲密关系。过激地指责和反问会让回避型依恋者感到压力，进行更加严重的自我防御。

如果你真的关心回避型依恋者，可以对他们加以适当的引导，才能让其对这段关系产生信赖感，走出不愿意“欠人情”、不愿意建立感情联结的状态。具体做法我们在第四章、第五章及第六章会更详细地讲述。

第三章

你不用一个人扛下一切

他们永远会尊重你的选择，

保护你的小小隐私，

不会强迫你做不想做的事。

这也许就是回避型依恋者那份“不自知的温柔”。

为什么你总是那么冷漠？

> 回避型依恋者对亲密的耐受度很低。他们最好的一点是，其实你对他们只要有一点儿好，在他们内心就已经觉得很亲密了。

虽然回避型依恋者给外界的印象是——孤僻和冷漠，但实际上他们也有丰富的内心。简而言之，回避型依恋者是一群高敏感、低需求的人。

“高敏感”指的是：在亲密关系中，回避型依恋者由于自身的自卑，一旦对方做了一些自己意想不到的事，更容易把事情往坏处想。但他们对于关系中细节问题的看重度，是比常人来得更加敏锐。敏感度极高的回避型依恋者擅长挖掘相处中的细节，不管是好是坏。

“低需求”指的是：回避型依恋者对于独立空间的需求很高，所以伴侣常常会感受到自己被冷落、被忽视。比如在生病的时候，正常人会感觉自己需要他人的关心，也会主动关心他人；而回避型依恋者由于独立性较强，自己就可以解决问题，他们会把自己的做法强加到对方身上，认为对方也应该这么做，从而忽略了另一半的陪伴需求。

一个在逃避，一个在吞噬，两个人都无法顺利完成，于是产生冲突。那么，到底是谁的错？这是所谓的“冷暴力”吗？

我和我先生婚后虽住在一起，但日常生活中经常各过各的，也很和谐，彼此都没有觉得“冷”，更没觉得是“暴力”，我们都觉得彼此不怎么打扰是一种美德。

所以，你需要知道，客观上不存在冷暴力（冷漠），它只存在于主观体验。

那，冷是怎么产生的呢？为什么会有人体验到冷？

因为对方给出的爱和回应都太少了，你就体验到了冷。而你自己是不喜欢这种冷，就认为对方“冷酷无情”，开始指责对方。

这其实也是相对的，没有客观的标准，更不需要去考虑怎么做才是“正常”的。就像我先生能够和我磨合好，也能够引导我走出回避的状态。

两个人的世界里，只要你的需求大于对方实际能给的，你就会体验到冷漠。

你需要的越多，回避型依恋者体验到被吞噬的压力就越大，他们就需要花更多的精力来回避，抵御被你索取带来的压力，能给出的就更少。而你体验到的冷就更大，需求也就更大，就更想去吞噬。

所以，对于回避型依恋者的“冷漠”，我们只有进行了充分的认识，才能去从容应对。

很多回避型依恋者或者其伴侣都会提到，他们会出现“不想讲话”的冷漠。在心理咨询的过程中，我遇到过最常见的情景有两种，一种是回避型依恋者和伴侣爆发严重的矛盾，大多数时候是面对伴侣高强度的交流，他们产生高负荷的压力而导致不想说话；另一种则是回避型依恋者和伴侣日常相处较为融洽，伴侣本身有偏于讨好型的特质，对他们的付出比较多，他们由于“不知该如何回报”产生了愧疚心理，反而会因此不想说话。

首先来说说第一种情况。如果回避型依恋者更多时候想要一个人待一会儿，想要一个安静的空间，那是因为他们已经开启了自我保护的机制。如果和你在相处过程中，他们总是能接收到你强行拉近关系的信号，他们深知你读不懂他对亲密关系的真正需求，对你们当下的关系产生厌倦，认为“话不投机半句多”，所以主动放弃了和你沟通。

回避型依恋者对于情感的感知能力，和一般人是不同的。正常人觉得亲密度在30%左右的情感，在高敏感的回避型依恋者心中，可能就已经达到了90%的状态。因为他们感知到的亲密爆棚了，他们的内心容器装不下这快要溢出来的爱，所以他们就会选择逃避——既然装不下，那我就不装了。

第二种情况中回避型依恋者所谓的不想说话，可以理解为他们不知道该怎么说。这种情况下，回避机制是没有开启的，只是他们不知道如何行动而已。回避型依恋者并不是机器人，他们也会感知到你付出后而产生一种亏欠或愧疚的心理。但比起心理上的不适，真正让他们感到窒息的是：不知道该如何回报你。回避型依恋者不喜欢亏欠人，他们更倾向于一种平衡的人际关系，喜欢有恩必报。假如你付出的过多，他们却又不知道如何回报时，这就很糟糕了。他们就像迷路的孩子一般不知所措。

在正常人看来，如果接受了对方的恩情，就可以用言语上的感谢、物质上的回礼来表达谢意。但他们就连这些简单的回报也做不到，甚至不知道什么样的话叫“感谢”，万一说了之后很别扭该怎么办？万一送的东西对方不喜欢又该怎么办？

在真正要行动前有无数个“万一”阻碍了他们的回报，对外表现出的就是回避和冷漠了。

回避型是需要被引导、被带领的，在“安全堡垒”建立起来后，还有许多需要伴侣配合或者费心的事情，千万不要觉得一切顺其自然就好。

打败交往中的“糊弄学”大师

> 他们凭理性能走出很远，但一些重大决定，反而是凭感性才能做的。到那个阶段，他们就不知道该怎么办了。

当一般人从表面关系进一步深入到亲密关系时，需要打破自我的边界，让对方知道自己是什么样的人，在过去的生命中曾经有过哪些经历和感受，这些是深入交流不可或缺的交流步骤。

但一个回避型依恋者堪称恋爱中的“糊弄学”大师。他们以振振有词的方式逃避自我揭露，贯彻秘密主义，不愿意表露自己的真情实感，让你们通向亲密关系的进程停滞不前。这也是为什么我们常常认为很难和回避型依恋者建立亲密关系，哪怕一开始你曾经体会过他们所带来的亲密感，这种感受也往往因为缺乏深入交流的根基，多半会转瞬即逝。

回避型依恋者很容易压抑自己的情感，不擅长表达，尤其是一些积极的正向情绪，压抑得越发强烈，结果总是带给周围人难以亲近的印象。

此外，压抑自我揭露，克制情感的表现，使得回避型依恋者无论是感情还是行动，都很容易显得暧昧不清。

一个人的心情和感情，虽然是无法用理智解释的情感，在自我决策时却发挥着很大的作用。事实上，决定行动的基本方针还是在于情感。

举例来说，在烦恼是否该与眼前的伴侣结婚时，“我是喜欢他的”“我想一直和他在一起”的心情或感情越强烈，决定时就越果断。

相反，由于回避型依恋者的情绪感知能力是延后的，连自己是否真的喜欢对方都无法感知清楚，也就更容易发生“选择困难症”的情况。更糟的是，这种“选择困难”不一定只表现在亲密关系中，也会表现在日常生活中。

面对需要选择的情景时，必须靠理智无法说明的激情才有办法做出决断，但是回避型依恋者很难凭借着一股劲儿做事，总是用冷静的目光审视一段关系，放大可能导致关系终结的风险以及随之而来的伤害。

如此一来，他们原本淡漠的热情会变得更加冰冷，认定继续这段关系一定会很麻烦，而他们天生最害怕的就是麻烦，最终决定放弃或退出。

我会把回避型依恋者描述为“一个害怕麻烦的小孩”，害怕麻烦是因为他们反感受到束缚的关系，害怕伴侣的过度关心；小孩是因为他们在感情世界中，比起那些行动派，他们是被动的、不知所措的，即使知道这样的状态不对，想要改变现状，但也不知从何入手。

一般人在进行到确立关系的阶段前，通常会经过长时间的恋爱，同时也必须花上一些时间和金钱。然而，对回避型依恋者来讲，这个过程是非常麻烦的。

因此有40%的回避型依恋者和你开启亲密关系是比较迅速的，也许你们才认识了几天，见了几次面，他们便会和你告白。但千万不要因此认为他们是社交能手，他们只是受不了关系前期的磨合而已。

回避型依恋者更容易爱上能满足自己自恋情结的“偶像”，因为他们担心自己在现实中若是过于沉溺，幻灭时会受到太大的打击，把爱情放在“完美恋人”身上比较不用担心受伤。

相较于这种抽象化、纯粹化的伴侣，现实中的伴侣便显得不够完美、低俗甚至丑陋。

对于回避型依恋者来讲，值得去爱的东西，最好要像固定在磁带里的一部电影一样，能够重复播放，反复品味，每一次细品都会有良好的感觉。那显然是超越现实的。

那么，该如何与回避型依恋者深入交流呢？其实，他们所认为的理想状态，我们也是可以触及的。最容易维系长久的朋友是能够在工作、兴趣爱好等特定领域中拥有共鸣点，只就共同兴趣的部分交流往来。

这个原则套用到婚姻中，基本也不会改变。因此，回避型依恋者虽然会把个人需求放在第一位，但如果你能够与他拥有共通的领域，也能培养出他们对伴侣的同理、共鸣及敬意，进一步孕育支撑长期关系的依恋模式，慢慢地引导对方往安全型发展。要维系让彼此都满意而幸福的关系，也是完全可以实现的。

有共同的兴趣领域，借此维系对方的联结，彼此就能得到满足。除此之外的时间没必要整天腻在一起，亲密关系就能够得到成长和延续。

但是，婚姻并不是一段亲密关系的终点，而是关系的起点。如果回避型依恋者愿意和你步入婚姻，说明他们正在逐步往安全型发展，但是这不意味着他们的依恋模式完全定型了。

回避型依恋者可能觉得你是第一个没有推开他们也没有逼迫他们的人，刚刚建立起来的安全型模式还没有完全扎根。他们会比较黏人，但是你也千万不要“推开”他们。如果你这么做，前面大量的工作就白费了。

当回避型依恋者慢慢在日常的交流中成熟起来，变成一个稳定的安全型依恋者后，亲密关系和亲子关系都会更容易维系，身为另一半的你，也会更容易获得日常生活中简单的幸福。

可恨，但可爱

> 回避型依恋者看似有些可恨，其实找到了窍门，对付他们也并不难。

回避型依恋者最有魅力的地方在于对待亲密关系的专一。当然，应该会有人马上站出来反驳我，“你说错了吧，和回避型依恋者谈恋爱多半会分手；都分手了，还谈得上什么专一呢？”

我说的专一，是有前提条件的。当你们步入到关系的稳定期，“安全堡垒”成型后，他们一定会对你产生依赖心，把你当作生命中独一无二的存在来看待。

回避型依恋者对于亲密关系原本持有悲观的态度，所以一旦他们能够依赖上另一半，必然会极其珍惜这段关系。与此同时，他们害怕麻烦的特征，也会使得其在感情中是一个专一至极的“痴情人物”。

虽然回避型依恋者的依赖来得非常困难，但他们对你产生爱意的时候，也是绝对专一。他们会隔三岔五问你“去哪里了”“干吗了”之类的，如果你回复得晚了一些，他还会像一个委屈的小媳妇那般诉苦，期望你能够多关注一下他们。

此外，回避型依恋者在关系中，除了情感上需要你多加关注和照顾以外，在现实生活中，是一个非常独立、不做作的人。

但凡他们能够自主完成的事，绝不会想要找你帮助，更不会出现让广大男同胞头疼的“她来月经时，我让她多喝热水，难道有错吗”的世纪难题。女性回避型依恋者往往强悍到能一个人独立安装简易家具、修电脑、搬家等。

正因为他们的独立性，使得你在亲密关系中也会有很多自由的空间。他们永远会尊重你的选择，保护你的小小隐私，不会强迫你做不想做的事。这也许就是回避型依恋者那份“不自知的温柔”。

无论是在工作，还是在日常生活中，他们的“慕强心理”和“对完美的追求”会使得他们在力所能及之事上尽力做到最好。身为伴侣会切身感受到那份优秀的光芒。

他们的工作能力很强，在事业上能够混得顺风顺水，是一个好领导；在家庭中，他们擅长处理各类琐事，是一个好伴侣。

他们通常拥有比常人更自律的精神，对于完美的追求会让他们待人处事，都是严格把控，很少会出现“失控”的局面。正是因为如此，他们的兴趣爱好能够得到极大程度地发展，擅长的事比较多，且更为专业。

在面临危机的时刻，常人也许会惊慌失措，会紧张不安，任由冲动情绪的蔓延。但这事绝对不会发生在回避型依恋者身上，尤其是男性回避型依恋者，对于危机事件的处理，是极其理性的。第一步应该怎么做，第二步应该怎么做，都在他们的掌控之中，让人觉得非常沉稳。

另外有很多咨询者会担心，和回避型依恋者步入婚姻后，育儿这方面，会不会导致孩子人格的不健全？

其实这个想法大可不必。

他们对孩子会较为理性，孩子做错事时，不会心软。而他们的另一半往往是感性的居多。在感性与理性之间找到一个平衡点后，会使得孩子的人格发展得更成熟，独立性也会更好。

回避型依恋者的优点，还体现在他们不会若即若离、让你忧心。他们做事是雷厉风行的，对待任何一段人际关系，亦是如此。如果这段关系让他们感觉到不舒服、不自在，他们绝对会提出分手，以明示或暗示的方式，让你读懂他们“不想继续”的意思，把关系彻底终结。他们一般不会若即若离，让人纠结、痛苦。

总之，回避型依恋者虽然会有种种可恨之处，但绝非没有自己的优点。这本书希望能够帮到他们，也希望他们不要一味自责，清醒认识自己，走出困境。

自私无法让人真的快乐

> 你在这三种情形下，被回避型依恋者伤害过吗？

回避型依恋者最伤人的地方，就是以自我为中心，忽视他人的想法和感受。

最常见的情景主要有三类：一类是面对伴侣的付出，他们不为所动；第二类是面对伴侣想要被关心的需求，他们无法提供帮助；最后一类是回避到最后忍无可忍，会爆发式地数落伴侣的不是，对伴侣进行言语攻击。

○ 情形一：面对伴侣的付出，他们不为所动。面对伴侣的付出，他们通常很难回馈，别说言语感谢，甚至脸上会表现出难堪，很不情愿地接受你的好。

他们常说的伤人的话有："啊，我不需要啊，你干吗要买给我？""这个东西貌似不太适合我，你拿走吧。"

在他们的观念里，只有他们需要的才算是好，不需要的都是不好。

在这里，他们要是被迫接受了你的好，你可以解读为他们心理上是没有做好准备的，所以他们会不知道该如何回报，非常窘迫。

此时，在外人看来，他们对有恩于己的人，表现出的就是逃避和冷漠了。论起制造尴尬，他们称第一，没人敢称第二。

○ 情形二：面对伴侣想要被关心的需求，他们无法提供帮助。

日常相处中，回避型对于独立空间的需求很高，加上他们自我的性格，很难共情到伴侣的感受，不会设身处地地换位思考。

回避型忍受孤独的系数，实属最高级。所以他们也会想当然地以为，你也可以忍受孤独。

他们常说的伤人的话有："干吗要我去买药，你自己不会下楼买吗？""你连这件事都做不好，对你无语了。"

伴侣在生病的时候需要关心，得到的却是他们简单的问候，又或者连问候也没有；伴侣遇到难过的事情需要安慰，换来的却是他们冷冰冰的道理，甚至是不近人情的指责。

绝大多数时候，回避型依恋者都是站在自我的视角下进行的换位思考，而对方真正的核心需求，他们根本想不到。

○ 情形三：回避型依恋者的日常模式，不是回避就是爆发，回避比爆发来得更为常见。和他们谈恋爱，一言不合就回避，这是常态。情绪上的爆发，在闹分手的时候比较常见。分手时，他们一定会把在关系中压抑的负面情绪统统宣泄出来，一个劲指责你的不是，打压你的缺点，让你开始怀疑自己是不是真的有那么差劲。

他们常说的伤人的话有："和你相处真的很累，我受不了你了。"

这样做主要是为了帮助他们逃避责任，逃避分手时的痛苦。

他们不承认自己的问题，反而把分手的矛盾推到你的身上，大脑中就会产生一种"我反正没问题，都是对方太差了"的错觉，好让自己心安理得地离开。

当然，也有部分案例中，回避型依恋者和你分手反而是采取相反的举动，他们会把问题责任推到自己身上，甚至没有和你闹任何的矛盾就提出了分手。

这样的情况下，他们多半是自卑了，认为自己配不上你，想要离开。

这种案例的挽回难度其实并不大，只要通过恰当的方式提升对方的自信心，可以变相看作是"假性分手"。但是一旦他们分手时有指责和攻击的行为，难度就会大得多了。

对于回避型依恋者这些常见的伤人的话语，我们并不支持，也不鼓励，但如果你足够爱他，请多一点耐心来包容。

对他人的敌意，实际是一种自我攻击

> 对别人的挑剔，其实是一种投射，是把自己满足不了的自我要求，投射到别人身上，进而产生了对别人的怨恨。

回避型依恋者通常对自我价值的评价是比较低的，常常认为自己不如别人，尤其是在亲密关系中，时不时会感觉到自己配不上对方。因为本能地把自己的位置降低了，他们的内心是极度缺乏安全感的。

既然我没有安全感，我自己都是这样匮乏的人，那我又凭什么要求你会给我安全感？所以，他们从不会把自身缺乏的东西，把这部分需求强加到他人身上，期待别人能给予。

你可以说他们在恋爱中活得很通透，丝毫不矫情不做作，干脆利落，绝不会哭哭啼啼、难舍难分，更不会每隔一小时一个电话。这也是很多人一开始会误以为回避型依恋者非常懂事成熟的原因之一。

但这并不是他们内心成熟的表现。缺乏安全感的回避型依恋者，理所当然地，会通过一些幼稚的方式去获得安全感。大家可以猜猜看，他们采用了怎样的方式呢？是索取另一半的陪伴和关心？是通过争吵的方式来获得对方的耐心回馈？

稍微偏安全型或焦虑型的人，获得安全感的方式是大家都可以理解的，他们会加倍地“黏着”对方。比如，有很多人喜欢把恋爱当作自己的精神食粮，弥补自己原生家庭中缺爱的创伤，渴望从另一半身上获取她们童年缺失的安全感，因此不断主动索取对方的关心。这是很常见的现象。

很遗憾，这些都不是回避型依恋者会采用的方式。

他们会采取一种极端的方式来获得内在的安全感——放大别人的缺点。即使嘴上不说，回避型依恋也会用非常苛刻的标准来评价别人。任何事情、任何人，他们都能挑出毛病，喋喋不休一番。

他们的逻辑是："虽然我不好，但是你比我更差。"在他们的认知里，贬低自己也贬低别人，可以降低相互的期望。

回避型依恋者在恋爱中是很自卑的，时常会觉得自己不如伴侣。那高低位的状态该怎么补救？对他们来说，最好的方法就是贬低对方，也就是通过贴负面标签的行为，不断地挑剔对方，放大对方的缺点。

当他们放大了对方的缺点，对方就没有那么高位了，在回避型依恋者的眼中也并没有那么遥不可及。这时候回避型依恋者才会认为自己和对方是在同等的位置的。你我都差不多，没有差距，那他们的安全感就会回来。

假如你是一个考试只能考60分的人，把你置身在优等生的行列中，你看着别人动不动就考满分，会感到非常不安和自卑。而把你放在相同水平的人群中，你的同学也只能考60分，最多比你高一两分，你就会感到没有压力，比较有安全感。回避型依恋者就是这种想法。

在很多伴侣看来，很多情况下，回避型依恋者喜欢无事生非。也就是说对方明明在某件事上没有这么差劲，但回避型依恋者就喜欢把小事放大评价，认为对方糟糕透顶。这就使得伴侣和他们相处时，有口难辩。他们就是认定了你差劲，甚至胡乱给你安上贬义的头衔，让你有种无奈感。

其实这种畸形的获取安全感的方式，往往是回避型依恋者的自欺欺人。小小的抱怨在亲密关系中原本无可厚非，但他们把控不好度，乱贴标签，最后很可能导致他们会瞧不起伴侣，想要分手。原本仅仅是想要获得安全感，获得一个和对方等同的地位，到最后容易演变成“我的地位反而比你高，你太差劲了，我要找完美伴侣，找一个比你更合适的人”。

像焦虑型依恋者那样向他人索取的方式当然也不对，但像回避型依恋者那样自暴自弃的方式更糟糕。真正能给你安全感的，只有你自己。岸见一郎和古贺史健在《被讨厌的勇气》一书中提到：“我们的很多心理困扰都来自社会和他人的期待和评价，正是这种评价体系，造成了人的傲慢和自卑。而人们又经常借‘爱’之名，行支配和控制之实。”

而在心理学家阿德勒眼中，理想的人际关系大概是“我爱你，但与你无关”。他认为每个人的课题都是分离又独特的。我怎么爱你，这是我的课题，而你要不要接受我的爱，这是你的课题。

一个人没有安全感，是因为潜意识中对他人有敌意，然后把这种敌意投射成环境对自己的威胁。无论是用“对伴侣好”的方式去弱化对方，还是用一副铠甲去包裹自己，装作强大，攻击别人，它们所带来的安全感都是虚伪的，脆弱得不堪一击。

真正提升安全感的方法，是向内探索。比如说即使得了60分，你也不必悲观。在诚实接受60分的自己的基础上去思考，去努力，才能更有可能接近那个靠近100分的完美的自己。

让爱与被爱同时发生

> 为什么爱我的人和我爱的人永远不是同一个？因为我们倾向用挑剔的眼光，放大伴侣的缺点。

爱是这个世界上，每个人能够赖以生存的动力，如果连爱都没有，那这样的人和机器人有什么区别？我们都是有血有肉、有七情六欲的人；遇到了心仪的伴侣时，我们就会自然流露出来情感。回避型依恋者也同样如此。如果回避型依恋者对你没有任何感情，那起初他们怎么会选择和你开启一段亲密关系？

我曾经遇到很多咨询者来向我请教问题，问得最多的无非就是：“我们现在分手了，该怎么去和回避型前任相处，该如何引导他们重新接受自己？”还有不少人会好奇：“回避型依恋者是否会真的从心底喜欢一个人，这样的感情到底值不值得去挽回？”

回避型的人当然会真心爱一个人。

为什么你会时常感觉不到被爱，甚至怀疑他们是否爱你？这最主要的原因还是他们表现不出来正常人陷入“爱”的行为模式。他们越回避，你的猜测越坚定，久而久之，这个印象就根深蒂固了。

事实上回避型依恋者由于他们自身的性格特征，他们的爱是很脆弱的。他们需要对方给予回应才能维持下去，否则一味地不予回应，或回应过多，他们的爱就很容易封闭或者消失。

他们总是会先保护自己不受伤害，你若一味地向他们索取，他们就会关闭自己内心的大门。

他们总是觉得自己不够好，觉得给不了你想要的幸福，所以他们需要独立消化这些情绪的空间。这个时候你没有紧紧地追他们，一段时间后他们会像没事人一样和你正常地相处。

这样的作风有点像是男人步入“洞穴期”的行为表现。洞穴期是《男人来自火星，女人来自金星》这本书里的一种说法，说的是男人会时不时想要独处一段时间。

换作是正常人的亲密关系，当伴侣遇到委屈，或者情绪低落的时候，人们总是习惯采用安慰的方式来鼓励自己的伴侣早日走出阴霾期，但是这样的正常行为，对于回避型依恋者来说，反而会变成一种压力。一方面他们会觉得你的鼓励是希望他们赶紧走出回避的状态，有一种压迫感；另一方面他们会觉得你在给他们付出情感投资，有了情感就相当于变相产生了负担和责任。

因此回避型依恋者并不是不会爱上人，只是他们一开始是不懂得怎么去爱人的。回避型依恋者对待感情的态度并不直截了当。他们倾向于压抑真实的感受，不表达出来。

普通的日常交流并不能解释回避型依恋者的思维方式，只有深入研究才能发现他们内心的真实状态。曾经有研究者们试图解析回避型依恋者对爱情的真实态度。这些实验让参与者辨认显示器上的文字，并测算他们要花多长时间。认出一个词语所需的时间越短，就意味着这个词语在参与人员头脑中活跃程度越高，受到的压抑较少，反之亦然。

实验结果发现，回避型依恋者很快就能认出和恋人弱点相关的“需要”“依赖”这类词语，而认出和自己依恋需求相关的词语，例如“分离”“争吵”和“失去”，则需要更长时间。从实验结果来看，回避型人士倾向于贬低恋人的价值，认为他们性格软弱、有依赖心理。他们在内心深处也害怕失去恋人，却下意识地压抑这种担忧。他们轻视恋人的依赖感，好像不需要依赖任何人。

事实真的是这样吗？

我们继续来看实验。在实验的第二部分，研究人员交给参与者一些其他任务，分散他们的注意力。在解答谜语和问题的同时，参与人员要完成辨认词语的任务。这时，回避型依恋者由于注意力被分散，自我压抑的能力减弱，他们对爱情的真实想法和感受才浮出水面。在这些情况下，他们和其他依恋类型的人士一样容易认出与自身感情相联系的词语，例如“分离”“争吵”和“失去”等。

实验证明，即使你是回避型依恋者，也有依恋系统，也和别人一样害怕分离。与别人不同的是，只有当你忙于应付其他问题，放下心理防御的时候，真实的情感和感受才能显露出来。

安全型依恋者认为接纳伴侣很容易，他们接纳伴侣的一切，包容伴侣的缺点，他们依靠伴侣，相信伴侣是独一无二的。然而，回避型依恋者不具备这种心态。回避型依恋者和伴侣在一起时，总会保持一定心理距离，随时准备从感情中撤退。与另外一个人完全亲密相连、相濡以沫、融为一体，是他们短时间内难以接受的状态。

为了和恋人保持一定距离，他们会采取一些压抑策略（回避机制）来维系自己的人格定势，这些压抑策略往往会扼杀亲密感。

我们的依恋系统渴望亲密感，渴望与恋人接触，而压抑策略的作用是抑制依恋系统。回避型也需要亲密的感情，却一直努力压抑这种需要。一个回避型依恋者使用的压抑策略越多，就越感到对恋情不满意，也就是我常说的“他们倾向用挑剔的眼光，放大伴侣的缺点”，只看见苹果里的虫，却看不见苹果。

与此同时，为了保持独立感，回避型依恋者几乎不和恋人分享心事，保持神秘。

看到这里，你们会清楚地意识到，回避型依恋者过的并不是独立自主、自我依靠的生活，而是不断挣扎、不断压抑依恋系统的生活。

那么，如何才能走出压抑，让爱与被爱同时发生呢？

如果你是回避型依恋者，自己一定要转变心态。他们感到生活不幸福，却很少从自身寻找不幸的原因，也不正视自己的内心，不向外界寻求帮助。他们把不幸福归结于没有遇到合适的对象，没有遇到完美的爱人等。

要么他们由于某种机缘或者打击，有一天会真正觉悟，开始寻求外界的治愈方法，接受心理辅导；要么他们由于幸运地遇到了合适的伴侣，对方有一颗强大的内心，帮助他们建立关系中的安全堡垒，一步步带领他们去直面内心的阴霾，利用引导回报等特定的方法教会他们如何改变。不管是前者，还是后者，这条路都不简单，是一条有风也有雨的不平坦之路，但如果你走下来了，一定会觉得值得。

接纳不完美

> 对别人的挑剔，归根结底是对自己的不满的投射。

回避型依恋者不仅在恋爱中无法付出深情，对朋友间的亲密关系也没什么信任和认可。或许是他们自身的原生家庭是一地鸡毛，周围的亲戚朋友也有不幸福的婚姻，所以他们打心底里认为“亲密关系都是不可靠的，这个世界上没有什么比我自身的强大来得更为重要”。他们对恋爱和婚姻的悲观思维，导致了他们对深情的抗拒。面对伴侣的深情告白，他们甚至会产生抗拒行为。他们不相信伴侣就是会无条件地支持他们，会一直守护这段关系。他们认为对方早晚有一天会离开，所以会尽力保护自己不受伤害。在他们看来，与其事后遍体鳞伤，不如事前早早撤退。然后不断地告诫自己不需要别人，不需要恋爱，把冷漠当作防御的盔甲，不断给自己加上“亲密关系是不可靠”的思想钢印。

实际上，这就是一个自证预言的过程。自证预言指的是一种常见的心理现象，意思是如果你认为某事会发生，那么就会不自觉地按照预言行事，最终令预言发生。放在回避型依恋者身上，其实就是如果你认为伴侣一定会离开，那么在你的冷漠对待下，对方真的会离开。

这真的非常可悲。因为回避型依恋者把自己保护得太好了，什么机会都不给对方，在伴侣的眼中，他们无时无刻不在把自己的心门紧闭，没有留一丝的缝隙。所以哪怕伴侣有再强大的耐心和毅力，面对一个装睡的人，也很难一直在原地守候。回避型依恋者从一开始就选择了不相信他人，不相信关系，选择保护自己不受伤，进而把事态的发展演变成他们自己所设想的那样。当伴侣真的受不了回避型依恋者的冷漠，选择离去，他们就会认为“果然我想得没错，你还是走了”“我们之所以对这个世界感到失望，是因为对世界有太多的期望”。

回避型依恋者内心其实对于爱的标准有着近乎完美的苛刻。他们向往的伴侣是内外兼顾，既有外在的独立和优秀，又有内在的共情和耐力。一旦伴侣没有达到这个标准，他们就会感到失落，觉得对方还不是真命伴侣，更不敢把自己的心全部交给对方。他们并不是不擅长深情，而是不敢爱。

归根到底，他们认为“是自己不够好，所以才配不上自己想要的东西”，于是，他们不再提要求、不再主动做决定。他们一旦遭受指责，不管对的还是错的，都会不假思索地坦然接受，为了避免冲突和批评，选择了冷漠和逃避。他们活成了行尸走肉，活成了大人眼中的“好孩子”，即便被人夸赞时，也会很敏感，生怕自己之后一不留神没做好，就会换来别人的失落。他们小时候看到自己想要的东西，不敢声张，选择隐忍；长大后也不争不抢，甚至觉得自己得不到，也理所应当。

他们遇到喜欢的人，会自卑，会害怕自己不能维系关系，会害怕对方对自己失望。如果你和回避型依恋者谈过恋爱的话，相信就体会过他们“情感上的亲近和行为上的疏离”的纠结，明明已经很喜欢了，却依旧会时不时推开你，装作不在意。归根结底，这源自他们内心的自卑。抗拒的背后，是他们所谓的“我不配”。

昨晚刚和一位回避型咨询者进行了电话疏导，他认为自己身上存在着太多的缺点，意识到自己是回避型依恋者后，越发觉得自己只要谈恋爱了，就会给对方带来伤害。所以他一直高度敏感，小心翼翼地伪装自己，对于对方提出的任何要求，都尽力满足。结果没坚持两个月，还是自己主动提了分手。我当时就向他指明，哪怕你在分手时说了很多自责的话，认为自己不够好，实际上在对方的眼中，这依旧只是你不想爱的借口罢了。

对回避型依恋者来说，你要接纳别人的同时，更要接纳自己，接纳自己的不完美。正如林语堂先生在《人生不过如此》中所说：“人生不完美是常态”。接纳自己的不完美，在亲密关系中坦承自己的不完美，这是一个全新的开始。由此你可以允许身边的人不完美，世界不完美，这样的你，反而会变得更加开阔，去看到世界不一样的美好。

第四章

敢于依赖的力量

你欺负得了那个你看着高高在上的人，

不是因为你比对方强，而是因为对方喜欢你。

爱是长久保持舒适距离

为什么我们不能对一个人太好?

稍微对回避型依恋者有些了解的人都知道，如果你对他们太好，后果就是他们会把你推开。感觉你高强度的爱意后，他们会自觉“我不配”。

如果你想对一个回避型依恋者好一些，一定要注意方式和方法。

比如，你到底是雪中送炭地偶尔帮助他们一下，还是平时无微不至地关心他们？我们知道，回避型依恋者是非常独立的一类人，在他们的观念中，凡事都应该靠自己。因此他们习惯了独来独往，很少麻烦别人，也很少主动找别人帮忙。因此，他们很难承受无微不至的关心。

“因为我爱你，所以我要把我认为好的一切都给你，不管你需不需要。”这种高密度的付出，就会给回避型带来很大的压力了。回避型最不喜欢的就是亏欠人，他们向往的是人际关系的平衡模式。如果你给的一部分东西，是回避型依恋者能自给自足、自我提供的，那即便你对他们好，这部分“好”在他们的观念里，仍是多余的。

回避型依恋者们固执地认为，强付出的背后，一定有高需求。这种隐藏的高需求，会使得伴侣和回避型依恋者恋爱时，有一种不平衡的感觉。因为你为他们付出了很多，潜意识中期待对方也会为你回报些什么，哪怕这种回报只是一种情绪价值。“我为你付出了这么多，你竟然连最基本的关心都不给我”，两人的矛盾由此产生。

反之，如果你对他们的好，给了他们很大的自由空间，这对于他们来说才是恰到好处的。大部分情况下，你能保持自己独立自由的生活，不会把一切都投资在他们身上，但是，当他们真的需要的时候，你又能第一时间站在他们身边。这种做法就完全不会给他们带来压力。

如果你这样做，从回避型依恋者的视角看，他们会把你当成“避风港”般的存在，不管他们扬帆起航走多远，你都会屹立在原地，等他们归岸。这是回避型依恋者需要的，也是任何普通恋爱关系中更独立的一方需要的。

如果他们并未主动索取，不仅有可能会造成他们心理上的压力，觉得你付出得太多，自己不值得你对他们这么好；同时还会陷入一种“我不知道该回报给你什么”的尴尬中。

看到这里，大家应该对“好”的解读，有清楚的概念了吧。对回避型依恋者来说，能和其长久保持舒适距离的关系，是最理想的。我承认引导回避型依恋者很难，需要花费的时间、精力成本极大，引导他们之前，你们得先做到自我内心强大。如果在实践过程中，发现自己被消耗得很严重，一定要及时止损。

“猫系恋人”如何找到“犬系恋人”

一个傲娇又独立，一个贴心又黏人，是天敌还是一对？

其实，回避型依恋者找到适合自己的人，也并没有那么难。依恋理论对人格的三种划分：焦虑型依恋、回避型依恋和安全型依恋。在我看到的成功案例中，回避型依恋者最适合的恋人，其实是焦虑型依恋者。

一、焦虑型依恋者

这类人需要大量的安全感和亲密感，喜欢和伴侣亲密相处。他们害怕受伤害，也害怕被拒绝，在感到不安的时候，时不时会怀疑伴侣的忠诚度。他们内心敏感，有防御机制，但愿意主动推进感情。对于两个人关系中的问题会主动道歉，因为他们对感情是非常在意而焦虑的，你的细微变化都会被他们看在眼里，他们也会据此调整对你的态度，因此常常忽冷忽热，像过山车。也有人把焦虑型依恋风格的恋人叫作犬系恋人。

二、回避型依恋者

这类人内心渴望独立和自由，与恋人刻意保持心理和身体的距离，给人感觉若即若离。他们害怕暴露自己的真实内心，大多不懂表达，不会和你主动谈未来。回避型依恋很容易一直单身。也有人称回避型依恋者为“猫系恋人”，因为猫的特点就是你接近，它就逃避；你不理它，它又主动回来，时不时挠你一下。

三、安全型依恋者

这类人忠实于自己的内心，言行一致。做事之前会征求你的意见，不单独做决定。他们心胸豁达，情感表达自如，能顺畅交流情感问题。即使两人之间发生争吵，也不会逃避问题，不相互指责，努力解决核心问题。他们敢于承诺和依赖，有包容、有担当。这一种依恋风格是最能让人感到心安的。

在理想情况下，回避型依恋和焦虑型依恋的人，都适合找个安全型依恋的伴侣。不过，在安全型依恋者的眼中，回避型依恋者的行为常常让他们摸不着头脑，所以理智成熟的安全型依恋者能看上回避型依恋者的概率不大。如果你是回避型依恋者，但是身边有了安全型依恋者的伴侣，这样的缘分能够把握住的话，就千万不要轻易错过。

回避型依恋者和焦虑型依恋者恋爱，是最不容易的。因为焦虑型依恋者常常需要获得伴侣的关注，而回避型依恋者又发自内心地喜欢逃避亲密关系，容易触发焦虑型依恋者的不安机制，两人相处很容易陷入一种“我追你跑”的恶性状态，彼此都痛苦得不行，最后哪一方先受不了，就会提出分手。

对于回避型依恋者来说，在亲密关系中，光靠一个人的努力是远远不够的。本身就是回避型依恋的你，可以主动改善思维模式，获得幸福感。

很多回避型依恋者都喜欢幻想美好爱情和理想伴侣，总是找不到合意的对象，拒绝别人实际上就是拒绝爱情。

当你喜欢上一个人，突然又觉得对方不合适，想分手或换人的时候，你要提醒自己是不是压抑系统启动了，你其实是渴望亲密的，但是又总是压抑自己的需求，你看到的并非事实。

因此你要放弃这个幻想中的完美标准，打造眼前的恋人，你会发现眼前的恋人就是最理想的另一半。

回避型依恋者会经常误解恋人的动机，总是觉得对方在图你什么，容易以小人之心度君子之腹，这会对感情造成破坏，凡事要尽量多往积极的方面想，可以列出每天感恩清单，每天晚上回忆爱人为你做的事情，把它写下来，提醒自己要感谢恋人的付出。

非常重要的一点：回避型依恋者也要及时给伴侣情感回应。如果你们不喜欢生活被人打扰，可以用固定的频率回应对方，比如两天一次或者三天一次，以自己舒服的频率就好。

回避型依恋者们需要记住，你们对对方的情感回应得越及时，对方对你的依恋就会越少，这就是“依赖悖论”。如果你老是漠视对方的情感，对方对你的依恋和情感需求就会越多，反而让你回避得越来越厉害。

其实，回避型的“猫系恋人”和焦虑型的“犬系恋人”既有矛盾点，也有互补的地方。如果双方都能正视问题和解决问题，往安全型恋人的方向去转化，你的长远爱情就有了一半的保障。

总有人能让你乖乖交心

看原先水火不容的性格，是怎样慢慢变成一对。

如果说两个回避型依恋者的相遇，会让你体会到什么是“强中自有强中手”，那么回避型依恋者和焦虑型依恋者，则是一对天生注定“相爱相杀”的欢喜冤家。以下是我综合了自身经历，在咨询者案例的基础上，归纳出的相处模式。

一、相遇

焦虑型依恋者是有上进心的一类人。他们多多少少是一定会有一些表现欲的，这源于他们小时候得不到稳定的安全感，因而需要通过不断地自我表现来证明自己的价值。他们会乐于去关注别人，学习别人那些受人赞赏的一面，形成与他人的良好互动。豁达开朗的焦虑型依恋者们，是自带“积极光环”的，这让习惯待在角落里的回避型依恋者眼前一亮。

二、相知

由于焦虑型依恋者身上的乐观、积极、阳光，深深地吸引着回避型依恋者。回避型依恋者甚至会主动对焦虑展开穷追猛打，两人可以每天腻在一起都不觉得烦，每天有说不完的话，感情处于迅速升温的阶段。

当然，在这个阶段中，回避型依恋者身上的冷静、独立、距离感，也会深深吸引着焦虑型依恋者们，给焦虑型依恋者带去一种“沉稳”的安全感。焦虑型依恋者会感到回避型依恋者就像是自己的“定海神针”，终于有了依靠和归宿。于是，焦虑型依恋者对其感情投入越来越多，直至完全沦陷。

三、相恋

焦虑型依恋者毕竟是“缺爱就要索取”的人，他们对于亲密关系的期待和需求感，都是正常偏高的水平。回避型依恋者却是“缺爱就要回避”的人，他们因为不相信爱，会把自己包裹得很严密，任何人都没法轻易地走进他们的心门，他们对亲密关系的期待和需求都很低。一个需求高，另一个需求低。高的那方无法从低的那方获得满足，低的那方则在高的那方感到了压力，矛盾就显现出来了。

回避型依恋者的热恋期很短。长则两三个月，短则十几天就结束了。焦虑往往是不习惯这种感情热度的迅速退却。而回避型依恋者和焦虑型依恋者相处一段时间，也会发现，他们独立自强的外表下，居然有着那么喜欢依赖的性格，在他们的内心居然那么脆弱无助。对于这些表现，回避型依恋者们倍感失望，于是开始想要抽身离去。

当回避型依恋者企图要抽身时，你以为焦虑型依恋者就会甘心做待宰的羔羊吗？那是绝对不可能的事。回避型依恋者的冷暴力，是焦虑最恐惧的。但焦虑型依恋者不会坐以待毙，他们会想尽各种方法证明自己。在这期间，他们不管是撒娇般的花式讨好法，还是指责、发脾气的强势攻击法，目的只有一个——挽回对方。

可悲剧的是，焦虑型依恋者越是这么做，回避型依恋者就越是要逃离。回避型依恋者们会通过屏蔽或者隐藏情绪来避免孤独；而焦虑型依恋者们则通过努力，获得虚假的“全能感”来战胜孤独。看起来好像焦虑型依恋者和回避型依恋者的行为模式截然相反，其实他们都受自己对存在孤独恐惧的驱动，而彼此会采取的解决手段，对对方来说是“致命毒药”。

从心理学的角度来分析，焦虑型依恋者和回避型依恋者其实都属于不安全的依恋类型的人。他们都是缺爱的，只不过焦虑面对缺爱的困境，会主动证明自己，主动索取他人的付出。而回避型依恋者则习惯麻痹自己，采用逃避的方式提醒自己“回避了就意味着不需要，不需要就不会有渴求了”。

本质上，焦虑型依恋者和回避型依恋者其实都需要能包容自己的伴侣。焦虑型依恋者希望伴侣让着他，把他放在第一位。回避型依恋者希望伴侣理解他，不要让他太累，不要干涉他的自由。但他们都不懂得如何正确表达内心的需求，即使懂了，也会受固有行为模式的驱动，做出对关系不利的行为。

四、分分合合

回避型依恋者们小时候常常需要压抑自己，他们在强势管控的环境下长大，内心有“别人看不见”的创伤。他们是希望“被看见”的。但他们的需要常常被无视，这使得他们形成了一种“我不需要别人的关心”“我一个人也可以过得很好”的防御模式。尽管他们希望自己的努力被看见、被认可、被夸奖，但不知道该如何去表达。所以，回避型依恋者会被外表看似热情似火的焦虑所吸引，来照亮自己渴望被看见的部分。

焦虑型依恋者需要的是一个与他坚定站在一起、不离不弃的知心爱人。焦虑型依恋者小时候也会被大人忽视，但他们采取了与回避型依恋者截然不同的方式来应对。他们会拼命地展示出自己优秀的一面，不断讨好大人，以此引起大人的重视。他们优秀的外表下，有着一颗脆弱的心。所以，焦虑型依恋者会在看似理智冷静的回避型依恋者们身上，找到力量。焦虑型依恋者常常容易被回避型依恋者牵着鼻子走，回避型依恋者的一言一行，都控制着焦虑型依恋者的喜怒哀乐。和回避型依恋者们恋爱时，那种像坐过山车般的跌宕感，让他们既痛苦不堪又神魂颠倒。

他们先是在彼此身上发现了自己所向往的优点，也终究会像照镜子一样，映射出自己不愿面对的缺陷和无力感，然后陷入轮回的沼泽中，无法自拔。说白了，焦虑型依恋者和回避型依恋者爱上的，只不过是他们幻想中的对方的模样。

焦虑型依恋者是回避型依恋者的反面，两者的行为模式，就好比对方就是自己的镜像。他们就好像“欢喜冤家”，相互弥补了对方行为中的缺陷，其实是非常般配的一对。但由于性格中的冲突点，很容易因为初期的小矛盾而分手。

对这种情况，我想对所有回避型依恋者说一段话：

你欺负得了那个你看着高高在上的人，不是因为你比对方强，而是对方喜欢你。他也想要被宠爱、被珍惜，他有自尊心，也有快乐的权利。他不像你在自我中扭曲，纠结、防御又逃避，他也只是因为喜欢所以努力。当你耗尽了他的勇气和心力，他就不会再回头了。

也给所有焦虑型依恋者们一段话：

回避型依恋的依恋机制决定了他们会被谁吸引，对于他们的爱，你不用过于强求。如果有另外的人让你感觉安全但无趣，你也要明白，这种类型的人属于安全型依恋者，他们能够让你稳定下来，慢慢变得幸福快乐，所以你要给他们一个机会。

在焦虑型依恋者和回避型依恋者的相处中，如果想要走出这种双方不断试探的循环，一般要遵循以下三个步骤。

第一，前期最重要的一件事一定是安全堡垒的建立。焦虑型依恋者要让对方感受到你稳定的情绪，不要着急推进关系。

如果回避型依恋者能够感受到关系是可控的，那他就不会出现退缩等不安情绪。

在这个阶段里面，哪怕他们产生了回避行为，也不要着急地表达自己的怨气，用讲道理的方式企图改变对方，而是需要用自己的包容和理解，让他们知道，哪怕自己是回避型的人格，在你的身边也可以做一个真实自然的自己，进而慢慢地培养对方对你的依恋感。

第二，和回避型依恋者相处的中期阶段，需要保持一种应答的耐心。回避型依恋者可能觉得你是第一个没有推开他们、逼迫他们的人，这个阶段，他们会对你比较珍惜，因此会喜欢时不时地问问你在干什么。但是你也不要因为嫌他们话多，就推开他们。否则，前面大量的工作就白费了。保持温和耐心的状态，一方面告诉对方自己在忙什么，一方面让他们知道“我在这里”，这很重要。

不管是你在忙还是短暂消失，可以让对方慢慢适应一下节奏，但消失之前记得和对方说一下大概消失多久。如果比较忙，可以真诚地告诉对方自己出了什么状况，记得加上“谢谢你的理解呀，你真好”。肯定他们的等待和耐心，多帮助对方建立内部安全感。一旦当他们能够坚定地意识到你是一个不会轻易离开的人，就会慢慢地在你的引导下卸下内心的防备。

第三，和回避型依恋者相处的后期阶段，再用引导回报的方法去改变那些让你不满的、无法忍受的相处模式中的问题。这种方法，我们在下文中会有详细论述。简而言之，就是替他们说出自己的感受，就算猜错也没关系，以及详细、具体地告诉他们你希望他们怎么做。

对焦虑型依恋者来说，如果你们已经进入了相爱相杀的阶段，建议你专注在自我成长和疗愈上，这样不管是对你的人生还是这一段感情都是一个正向的作用。

对回避型依恋者来说，他们本能地不信任亲密关系，更不相信自己能够拥有它。在双方的共同努力下，双方的行为模式都朝着安全型去改善，那未来的路才会有光。

愿你得偿所愿，愿人间值得。

你的幸福我只给一半

> 另一半只能靠你自己去营造。

多疑、敏感、不信任，是回避型依恋者的通病。他们对亲密关系极度渴望，却又极度害怕。对于爱情，他们搞不清楚自己到底是想要还是不想要，总是活在矛盾和纠结中，总是做让自己后悔的事。

回避型依恋者的回避，我们也可以用“一朝被蛇咬，十年怕井绳”去理解。这就好比他们是一个热爱游泳的人，曾经因为一些意外溺水，从此便对水有一种恐惧心理。

但他们的害怕，也阻止不了对大海的向往。他们想体验在水中畅游，被水包围的安全感。但他们又担心自己再次被水吞噬，害怕自己力不从心。

于是，他们只能用脚尖一次次去试探，靠近一点，又缩回来；再靠近、再缩回，一遍遍地靠近，又一遍遍地远离。

每个回避型依恋者都是向往亲密关系的。这种感觉，就和我常说的——和回避型谈恋爱，你一定会体会到他们“情感上的亲近和行为上的疏离”的纠结感——是极其吻合的。

所以从理论上来说，回避型依恋者是需要伴侣的坚持的。

他们毕竟内心还期待爱，还向往着大海。不敢行动的他们，此时如果可以遇到一个带领他们前行的人，将会是极大的幸运。

如果你采用情绪化表述或者过于理性的命令，回避依恋者肯定受不了。他们害怕水却又想要游泳，于是你直接把他们按在水里不准他们上岸，他们对游泳只有加倍恐惧，习惯性地想要逃离。

如果是耐心的引导，树立起榜样的方式，回避依恋者会非常喜欢。他们害怕水却想要游泳，那你先把他们当作还不会游泳的小孩看待，先从最基础的游泳课教起，一步步带领他们尝试，起初是在水下待5分钟，慢慢地变成了10分钟、20分钟乃至更久，他们才会摆脱曾经的恐惧，真正接受游泳这件事。

回避型依恋者在亲密关系中，常常会伪装自己，让他人产生误解。相信和回避型依恋者谈过恋爱的人，十有八九会认为他们的回避只是因为不够关心、不够爱。

其实不然，回避型依恋者的心理本质是害怕和自卑。

“我很害怕（你会离开我）”“我很自卑（总觉得自己不够好）”这种话，他们有可能一辈子也说不出口。

而要征服回避型依恋者，你的第一武器是对自己的认可。不要总看到回避型依恋者推远你的表象，实际上，你比回避型依恋者们更高明。你能够看见他们看不见的东西，比他们更理解他们自己，所以你压根没什么可担心的。

同时，回避型依恋者也是“视觉动物”。他们通常不相信自己听到的（你说了什么），只相信自己看到的（你做了什么）。

很多来访者都喜欢问我这么一个问题：蔡老师，你说我该怎么和这些回避型依恋者们好好沟通，把问题给解决了？

其实这本身就不符合回避型依恋者的行为逻辑。

回避型依恋者们不会相信你吐露的心声，也不会相信你对未来的承诺。他们早年就是吃了轻信的亏，再也不会轻易相信别人了。

比如小时候父母总和他们说“你下次考到100分，我就带你去吃麦当劳”，长大后爱人总和他们说“我很爱你，这辈子我不会离开你的”。结果，父母还是忘记了要带他们去麦当劳这回事、伴侣还是离开了他们。

对回避型依恋者们来说，最重要的不是你和他们表达了什么、承诺了什么，而是要让他们真切地看到你做了什么。

相信很多关注我的读者朋友们，在感情中的依恋模式是偏焦虑的。你们可能明白了很多道理，却依然做不好和回避型依恋者磨合这件事。

明知道不该受回避型依恋者的情绪牵连，但还是不由自主地为他们费神；明知道回避型依恋者对你的冷落，是他们的行为模式趋势，但还是情不自禁地感到委屈。

所以，从现实的角度说，回避型依恋者或许是不值得你坚持的。除非，你可以把坚持这件事，建立在保持自己独立性、不过度自我消耗的基础上。

你要明白，他们是怎样的人、他们喜欢什么、讨厌什么，那是他们的自由，不关你的事。

而是要选择继续爱他们、陪伴他们；还是转身离开，也是你的自由。你无须过多考虑他们的处境，更不要出于一时的善意，想着可以牺牲自己去救赎他们。

学会“课题分离”，分清楚哪些是他的事，哪些是你的事，是我们每个人都需要面对的人生课题。

即使作为他们的伴侣，你也根本不需要为他们任何不合理的需求买单。退一万步讲，他们并没有要求你做什么，你却要去过多干涉，这种过度的付出，是非常可怕的。

心理学家丹尼尔·康罗伊·比姆认为良好的亲密关系是一种“共生且独立”的关系。如果两个人过于依附或过于独立，都只会形成一种畸形的关系。

过度承担不属于你的责任，只会助长你的不安，滋生你的渴求。能力不足的时候，千万不要去过度承担不属于你的任务。爱人先爱己。你得先管好你自己。

千万不要让自己卷入对方的消极混战中，你如果真的没能力改善什么，那就选择其他的方式，离开或是找专业人士介入。

但一定不要让自己瞎逞强，最后落得比他更虚弱的下场，硬生生地也活成了一个“回避型”。

选择放弃离开不代表你是弱者，选择坚持留下来也不代表你有多伟大。学会成为你自己，是你对这段感情，最大的责任。

即便没能成长，也要让自己爱过

在亲密关系中，你会变得更开阔，更坦然。

回避型依恋者对于亲密关系的看法是负面且悲观的，他们通常不相信长久的亲密关系的存在。但对于伴侣的期待值和要求又比较高，甚至喜欢通过反复分手的方式来证明爱的存在。

他们在感情上受过伤害，所以会害怕自己的感情重蹈覆辙，再一次遭受失恋的痛苦，所以在刚进入一段关系的时候，总是要隐藏最真实的自己，避免对你投入过多感情，在他们看来，“你总有一天会走的”。

同时，回避型依恋者还是一类害怕麻烦、害怕改变的群体，他们心里的潜台词往往是“还是别努力了吧，我就这么一个人过下去吧”，脸上戴着冷漠的面具，好像完全不把孤单当回事。

对于这种心态，我想说：即便没能成长，你也要让自己爱过。

这倒不是说，我认为回避型依恋者需要立刻改变自己的依恋模式。相反，我认为每一种依恋模式都是在长期的经历中形成的心理机制，不可能在短期内改变。你之所以会选择回避，那一定是这样的模式曾经保护过你不受伤害，对你产生了正面作用，你才愿意接纳它。

也许你的依恋模式不是那么完美，但是你可以通过自我调整来减轻它带来的负面影响。

回避型依恋者们应该认识到，你们对亲密关系的边界意识，和正常人是不一样的，你们对亲密关系的接受程度很低，这会给真正喜欢你们的人造成不必要的困扰。

回避型依恋者对边界感的判断和常人不同。他们对关系是否亲密的判断依据是：两个人有没有敞开心扉，有没有摘下“伪装的面具”。只要没有与他人深入沟通，只是与他人进行了一些礼尚往来的交往，就不算“亲密关系”。

回避型依恋者有一种自卑心理，总能在自己身上发现各种问题。很多回避型依恋者们会把自己的缺点隐藏起来。针对这一点，我想告诉回避型依恋者们，你们在相处的过程中，不要害怕暴露自己的缺点。相反，你要及时告诉对方自己的种种不足。其实，当你这样做之后，对方也会讲出自己的不足，以后你们相处起来会更加坦然。

只要你们接受了“即使没那么完美，也能够被别人真心喜欢”，就能够慢慢学会这安全型依恋者的思维模式。

而当回避型依恋者们对你倾诉这些的时候，你要明确告诉他们自己爱上他们的原因，要说出他们到底做对了什么，随后再补上一句：“其实你什么都不做，我也觉得你很棒。这些也算不上真正的缺点，只是你很特别罢了。我就是喜欢这样特别的你，怎么办呢？”

对回避型依恋者来说，则是要请你们记住：即便经历了一段关系之后，你们觉得自己没能改变自己，没有得到想要的成长，也不用伤心难过，觉得浪费了时间精力。毕竟，有过爱的体验，才是值得的人生。

第五章

通透的人生不设防

勇气并不是没有恐惧，

而是心怀恐惧，仍旧向前。

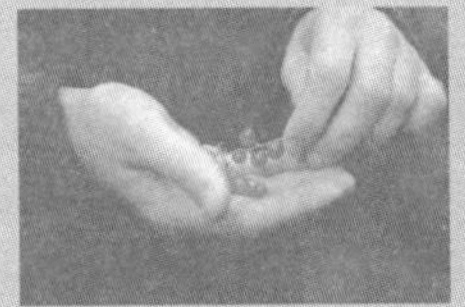

让别人靠近你，这并不可怕

> 什么时候你本来害怕的事情，不再让你担忧了？就是它真的发生的时候。

本书并不是仅仅针对亲密关系。其实，在普通人际关系中，也要防止逃避心态和行为的出现。如果不去正视现实的问题，一味逃避，那绝对无法活出属于自己的人生。想要获得属于自己的人生，就一定要改掉逃避的习惯。

回避型依恋者有一个共通点——不愿意面对问题，能躲过去的事就躲过的，害怕麻烦和改变，倾向于用逃避的行为解决所有的人际矛盾。

摆脱逃避这件事，等同于取回人生的主动权。想要达到这个目标，第一步必须是正视一直以来逃避的问题，勇于谈论关于这个问题的细节。

反过来说，已经陷入回避的人，要尽量把曾经受过的伤害说出来。这种倾诉和梳理，是能够让自己逐渐恢复的重要步骤。无论你感到不满、愤怒还是绝望，都应该尽量回忆，陈述那次体验给自己造成的伤害的。唯有正视受伤的过去，才能逐渐改变现在的心态。

当然，大家需要知道，并不是说出伤害体验就能立刻痊愈。如果只是自怨自艾，满口都是绝望悲伤的话，那还是无法获得真正的康复。只有在不断描述的过程中，从原本伤痛的体验里找到正面意义，改变想法，才有可能掌握“治愈”的关键。

回避型依恋者们在自己周围筑起高高的城墙，原以为能借此保护自己，实际上，别人无法进来，你也困在其中无法离开。受伤的心产生恐惧的幻影，使你难以跨越那堵高墙。

每个回避型依恋者，内心都有一道高高的墙隔绝外界。说得更具体一点，比如他们怀疑自己会不会遭到刻意的忽视，怀疑会不会被冷眼相待，害怕再次失败遭人嘲笑。他们受到这些情绪的困扰，动弹不得，失去了走出内心那座围城的勇气。

当回避型依恋者正视自己最害怕面对的状况之初，可能会感到排山倒海般的痛苦，然而如果你坚持下去，原先的悲伤、难过就会转变为“再次面对这种情况没想象的那么恐怖”“原本以为会非常可怕，慢慢地，我开始觉得好像也没什么大不了的”。

直面痛苦的做法，在心理咨询领域被称为暴露疗法或森田疗法。这也是我们每个人在受不安与恐惧困扰时，克服困境，走出围城的方式之一。

要把烦恼、悲伤、痛苦等负面情绪，当作人的一种自然感情，顺其自然地接受。不要把它们当作异物，拼命地想抑制、逃避或者排除。否则，你一定会由于“求不可得”而引发思想矛盾和情感扭曲，导致内心世界的激烈冲突。

相反，如果能够顺其自然地接纳所有的情绪，哪怕需要默默忍受随之而来的痛苦，就能从自我束缚的机制中解脱出来，达到“消除或者避免神经质性格的消极面的影响，而充分发挥其正面的‘生的欲望’的积极作用”的目的。

一定不要急着摆脱自己的负面状态。森田疗法强调，不能简单地把消除症状当作治疗的目标，不要指望也不可能立即消除自己的症状，所以应该学会带着症状去生活。

回避型依恋者们往往会为还没发生的事情烦恼，心理学把这种现象称为预期性不安。

森田疗法提倡，当预期性不安发生的时候，你不要逃离，而是要主动投入那种状况，借此克服自己想象中的恐惧。这是走出回避型依恋的第一步。

回避型依恋者之所以会筑起心灵的围城，除了自己想象出的恐惧外，还有另一个重要原因，那就是过高的期待与理想。这种过高的期待会加剧对失败的恐惧，将内心的高墙越筑越高。那么，第二步应该是降低自己的期待值，打破对完美关系的幻想。

把关系置于脚踏实地的现实层面，才能够接纳自己的好与不好，也能够坦然接纳伴侣的不完美。我们已经通过第一步的暴露疗法，克服了对于关系的恐惧和不安感。到了这个阶段，要在让人际关系自然发展的同时，通过降低期待，来避免过早放弃关系。

当然，与他人对话、共度一段时间，也会是促进活力的源头。不过，也一定要注意到其中的陷阱。通过虚拟的网络社交，我们都可以轻而易举找到一个似乎“志同道合”、聊得来的同伴。即使回避型依恋者在现实生活中冷漠又孤僻，在网络上也可以“如鱼得水”。

这种以网络建立起来的关系，是不稳定的。实际上，在网络上的伙伴，无论多么聊得来，都有可能立刻切断关系。而对于原本就逃避现实世界的回避型依恋者来说，网络世界是无法架起通往现实世界的桥梁的。相反，一旦安于待在网络世界中，想要朝现实世界迈出第一步就会变得相当困难。

网络世界中的人际关系不能给人脑提供足够的社交刺激。在这种情况下，人的社会脑会陷入极度的运动不足，甚至机能衰退。

此外，随着社会脑的衰退，依恋系统很难得到足够的刺激，容易陷入瘫痪。这种生活一旦长久持续，就会加强回避型依恋者逃避的倾向。

回避型依恋者们必须把自己放在现实的社会环境中，去和能够看得见摸得着的、现实中的人打交道。与人交谈时，要注意从对方的眼神和表情中揣测对方的想法。增加这种非语言交流和肢体接触，就能活化社会脑与依恋系统。

让别人靠近你，这并不可怕。只要交到拥有共同兴趣、志同道合的伙伴，也能最大限度地融入其中，享受社交带来的乐趣。

打破边界的时机

> 关系好的时候就要想着解决问题，否则到关系差的时候就很难解决了。

不少和回避型依恋者恋爱的读者，都问过我一个问题："我现在就去告诉对方他是回避型依恋者，可以吗？"我一般给出的回答是："你不要那么激进。"

"告知对方是回避型依恋者"这件事，还是需要分时机的，它分为关系升温期/关系降温期两大类。

通常来说，99.9%的咨询者，在两人关系急速拉近的阶段，是不会意识到对方是回避型依恋者的；而如果你是当你们的关系开始走下坡路时，才刚刚接触到这个概念，为了挽回这段关系，想要直接给对方普及关于“回避型依恋”的知识，这样的做法是非常不明智的。

因为回避型依恋者内心是自卑的，我遇到的咨询案例中分手的情侣，一半以上是因为回避型依恋者产生了“我配不上你”的心态后，想要终止关系。这种情况下，如果你选择在此时告诉他们，他们属于某种特殊的人格，肯定会让他们的自我评价降到更低的水平。

“原来分手都是因为我是回避型依恋者，看来我真的有很大的问题，我果然配不上你。”这是他们的想法。哪怕你是出于好意，只想提醒他们，而不是想要谴责他们，也会让原本就自卑的他们误会你的意思。

回避型依恋者的共情能力是比较差的。他们通常活在自己的小世界里面，很难感知到伴侣的情绪和意图，所以和他们沟通这件事的时候，要尽量当面说，才能收到想要的效果。

就拿我先生（他也是心理咨询师）当初引导我的时候来说，他倾向于在我们关系比较好的阶段去告知我这个概念。即便如此，当时他提出这一点时，我的第一反应不是“这不就是我吗？太好了，我有救了”，而是“我知道了，你说完了吗”，以冷漠的态度应对。

直到后来，我们见面的时候，他在专业网站上找到了相关文章，把手机递给我看。这样当面的沟通，才让我受到了触动，意识到我可能是这类人格，才开始面对这个问题。

因此我认为，如果你想要告诉回避型依恋者他们的问题，在关系升温期比在关系降温期好，线下沟通比线上沟通好。

当然，我也遇到过部分咨询者，在告知对方这个概念时，遭到了对方的反驳。对方可能会理直气壮地告诉你：“我不是回避型依恋者呀！”这有以下两种可能：

1. 你的误判。

2. 对方的反应滞后。

我遇到过很多次这种情况：咨询者单方面以“分手后对方开始回避”为依据，草率地把对方判断为回避型依恋者，其实这是大错特错的。

分手后的回避不等于回避型依恋。

分手后对方的回避，有很大的可能是抵触情绪在捣鬼。试想看看，如果你是提出分手的一方，本来你就对这段关系很失望，不想继续了，这时候如果你的伴侣还不想放手，你是不是也想要尽快逃离他们？所以此时对方表现出来的回避态度，并不是“回避型依恋”的心理表征。

如果你想要判断一个人是不是回避型依恋者，应该依据没分手时对方的行为表现。比如，你是不是经常体会到他有“情感上的亲近和行为上的疏离”这种纠结的状态，又比如对方是不是对独立空间的需求比较大，很难感知到你正常的情绪反馈。

总之，不要因为对方在关系降温期的表现而误判，尽量在你们双方关系比较好的时候去一起认识这个概念，这样才有利于你们把关系推进到真正亲密的阶段。

“咱也不知道，咱也不敢问”怎么办？

比“直球”更高明的是引导式沟通。

面对“难对付”的回避型依恋者，很多人都会觉得满脑子都是问题。比如：他不回复我消息该怎么办？他对我不积极不主动该怎么办？有些事情不谈还罢，谈起来只怕双方都会发火。

针对这种现象，建议千万不要只想着改善表面的问题，否则，只要对方不改变依恋形式，有可能会起到反效果。

作为专攻回避型依恋者的心理咨询师，我认为比起改善问题本身，更应该先考虑如何先建立安全堡垒。对回避型依恋者们来说，只要把安全堡垒建立起来了，依恋就会随之稳定下来。这么一来，即便不去处理那些浮于表面的问题，关系会自然朝着正确的、你所期望的方向转变。

说了这么多，那到底该如何建立起安全堡垒呢？

一、回应方法的改善

当你想要“更进一步”，把两人之间的关系推进到下个阶段时，你不需要试图解决你们眼中的“问题”；而是回应回避型依恋者当下的需求，维持关系的稳定。

回避型依恋者们无法坦然表达自己内心的痛苦，也不懂得如何依赖别人。相反地，他们只会把心封闭起来，不是闷声不吭，就是摆出无所谓的态度。但其实这些都不是出于恶意。

此时，责备他们“怎么又不说话了”，或逼问“你倒是说点什么啊”，对解决问题毫无帮助。他们不说话，其实是不知道应该说些什么，这种情况下，直接要求他们说话，他们会更加想要逃离这段关系。

正确的方式是替他们表达出他们内心可能会有的想法。如果你不擅长揣度对方的内心，你可以告诉他们，如果自己猜得不对，那么他们什么都不用回答，把双方沟通的压力最小化。

如果你是懂对方的，可以采用“你是不是觉得……”这样的问句，替他们表达出他们内心可能会有的想法。只要没有太多沟通压力，你们的沟通就能够正常进行下去。在这个过程中，他们沟通的欲望就会被你激发，开始诉说自己内心的想法。

而对回避型依恋者们来说，你们也可以向对方询问，是不是自己的沟通不够主动，坦白自己的弱点。你这样做，可以让双方关系中的问题及时得到处理。

对双方来说，一定要有“同理心回应”，即在对方有需求的时候，能够理解对方的心情并给予回应。

另外，还可以遵循“他冷你也冷，他热你也热”的沟通原则，跟随着回避型依恋者的步调来进行回应。这种沟通方法，既给他们松口气的空间，又能够制造若即若离的感觉，是一种不错的选择。

还有一种方法，就是以固定的频率沟通，让回避型依恋者知道你不会突然消失。下次聊天时避开那些曾经让双方关系出现问题的敏感话题，制造其他话题去打破僵局。

二、心态调节的陷阱

回避型依恋者本身就比一般人缺乏同理心和体谅心。他们不懂得为人着想，很容易令朋友或者伴侣感到不满。

对强烈希望获得认同的焦虑型依恋者来讲，回避型依恋者的反应实在是太冷淡无情了。即便焦虑型依恋者一开始出于强烈的爱意，一次次忍住了不发作，总有一天也会爆发，指责对方“太自私了，一点也不懂得替对方着想”。

回避型依恋者对伴侣的指责往往一头雾水，因为他们情绪感知能力滞后，所以不明白为什么明明自己什么都没做，却还会受到如此严厉的责备？即使伴侣告诉他们，他们应该反省，但由于他们过于独立，忽视了同理心的重要性，所以很难立刻改变自己的行为模式。

在正常人看来，焦虑型依恋者其实是受了伤害的一方，所以他们会理直气壮地用指责、逼问的方式，去发泄自己的不满。最糟糕的状况是，当他们的忍耐达到极限后，直接分手是屡见不鲜的。

如果你还不想立刻分手，那么你要找到“第二渠道”去发泄自己在亲密关系中受到的委屈，比如和好友倾诉、吃东西、看电影、找到咨询师来沟通等。

这些第二渠道既帮你发泄了负面情绪，同时也帮你积攒了一些正能量，就好比是把快没电的你充满了电，这会让你感觉好受一些。

三、相处状态的突破

你可以尝试配合对方的节奏与他们交谈。其实回避型依恋者们的内心往往比较单纯，只要这么做，他们就会渐渐地主动打开心门。

尽管回避型依恋者与他人的接触极为有限，但并非完全不与人接触。兴趣爱好是他们与外界之间进行沟通的桥梁。因此对于他们来说，能和伴侣分享共同的兴趣爱好是很重要的事。当他们感受到朋友和自己有同样的兴趣爱好时，就会迈出与他人增强亲近感的第一步。

如果你对他们的兴趣爱好并没有什么兴趣，没办法做到理解和支持，那么在可以当他们分享时侧耳倾听，表现出尊重的态度，就能提高彼此之间的信任感。

按照以上方法，很容易就可以走出“咱也不知道，咱也不敢问”的困境。

走出亲密关系的“隐恨陷阱”

> 吵架也可以是良性的。

当伴侣出于引导的目的去治愈回避型依恋者的时候，也切记，不要让自己的负面情绪长时间处于“不见光”的状态，陷入“隐恨陷阱”的怪圈中。

也许你能明显感觉到你们关系中的很多问题，都是回避型依恋者可恨的性格引起的，那么把自己的情绪硬压下去是不可能的。

自己凭什么为对方付出这么多？对方凭什么让我一直忍耐？这些问题让你越想越气，你感到非常痛苦，那种压抑情绪的内耗也会浪费你很多精力。所以，你一气之下，选择删了对方的微信，拉黑了对方的电话。

毕竟谁都不是圣人，面对伴侣的冷漠，失落的次数多了，谁都会有爆发的那天。

最好的办法，是把原来在你潜意识里并不自知的那股情绪，拉上来到意识层面，要意识到自己的不满和焦虑。这样，你就能阻断焦虑不断地给你叠加的冲动。否则，每次发完信息或者做别的事，你总期待对方能立刻给你回复，总是会时不时地看看手机，看到对方没回复，有时还可能会忍不住再去追发一条信息。

其实，无论你做什么，你真正的目的都是为了让他们真正注意到你的情感需求，回应你的付出。那么你就要狠下心来告诉自己：对方回复与否，配合与否，你千万不能太在乎。

如果你特别在乎对方的情感反馈，就已经不自觉地把自己摆在了“低人一等”的位置上了，因此对方越不配合你，你的不安感越强。还会产生一种“他是不是不喜欢我了”的怀疑和沮丧。

当你能把这种潜意识层面的想法提到意识层面，有了自我的察知和反思，这样，你就能从内心根本消除积压的负面情绪，把你们的恋爱关系重新摆到一个平衡的位置。

很可能回避型依恋者并没有不喜欢你，他们只是想要自己待一段时间。这时候正确的做法是保持情绪的稳定，表达自己对他们的尊重和理解，用温和的方式让他们明白，不管发生什么，你都会在原地等他们状态变好。

你的这种表现，瞬间能让他们感到温暖，感到你稳定的人设，是极大程度有利于降低他们回避期的时间（一般来讲，这种情况下的回避期在7~20天不等）。

我和我先生恋爱一个月后，也感觉到恋爱压力很大，开始怀疑自己为什么要谈恋爱，自己一个人待着不好吗？当时我很想告诉我先生，我还要忙工作，没空谈恋爱，随后直接消失了一周，让自己能好好度个假。

我先生和我以往谈过的前男友都不同。他没有逼问我为什么消失，也没有像我第二任前男友那样直接到我家楼下找我，他只是在我消失的第三天，轻描淡写地发了一条信息：“你想一个人待着，就索性多待一段时间吧，没关系，我理解你。”也正是那个时候，我意识到眼前的这位男士，和我以往谈过的男朋友都不同。

即使性别互换，道理也成立。如果在你们双方并未发生什么不愉快的情况下，对方一个人待着，很可能不是你的问题，而是他自己的问题。这时候给他一定的时间和空间就好。

如果你没有轻易选择放手，而是用这种方式淡定地处理，那么你对回避型依恋者来说真的是最理想的另一半。

让自由的豹子遇上自由的树懒

> 自由又亲密，是每个人都向往的境界。

虽然我写的是回避型依恋者，但在网上看我的文章的人，反而是焦虑型依恋者居多。那么，为什么你不是回避型依恋者，却最先发现了他们的问题，并且想要解决呢？

因为你的行为模式是“进攻型”，你喜欢发现问题并解决问题，能积极地改变自己世界中不合心意的东西。

而回避型依恋者反而不会主动来看这些文章，因为他们的行为模式是“防御型”，他们的心态是：有问题就先选择“无视”这个选项，实在对付不过去了，再想办法面对。

有时候我真的觉得，如果让回避型依恋者们去打仗，他们要么是当个逃兵，躲回自己的快乐老宅；要么是原地打坐，妄想单单靠着冥想和意念让世界和平。

用这种方式能解决问题吗？

完全不能。

每个人的自我成长，都是一场看不见硝烟的战斗。“敌军”就是这个世界给你的挑战。今天，你可以靠紧闭的大门暂时躲过“入侵”，但或许明天、后天、大后天，“大门”就会被攻破，“敌军”会攻占心灵的高地。

到头来，回避型依恋者只能手举白旗，靠逃避结束这糟糕的一切。

你们一定要知道，对于习惯防御的回避型依恋者来讲，他们多半会倾向于选择一种让自己舒服的模式来面对你。

在感情中，他们表现出“比‘佛系’更‘佛系’”的状态。遇到问题就回避，你走了也不挽留。对于自己得到的东西，他们起初是完全不会重视的，等到失去了才会觉得有些心痛。

“既然你不重要，那即便有一天你走了，我也不会难过了。”

“你果然还是走了，我幸好没有看重你，看吧，我依然很好，哈哈哈。”

“哪有什么地久天长，孤独才是人生的常态。”

上面这些话，就是他们面对感情的内心低语。回避型依恋者在你们关系的早期，一定会戴着面具和你相处，你是走不进他内心的。要是你们的关系持续不到半年，他们是绝对不会担心失去你的，毕竟本来亲密关系对他而言，也没多重要。

作为专注回避型依恋这个领域的心理咨询师，我认为把回避型比喻成一只树懒，是最贴切不过的了。

而你呢？你就像是一头雷厉风行的豹子，机灵又敏捷。

你喜欢四处奔跑，享受随风而动的快感，而他喜欢慢吞吞地吃喝拉撒，硬生生把一天过成了48小时。

你们在一起，要是你逼自己变成树懒，一动不动，会很痛苦；要是让对方配合你的节奏，变成豹子，他也会很痛苦。

回避型依恋者一定是吃软不吃硬的，因为比硬，你硬不过他。不要听回避型依恋者说了什么，要看他做了什么。

树懒动作很慢，即便他想抚摸你，一开始大概也会表现出要扇你巴掌的样子。

回避型依恋者可能说很烦你，但依然会理你；回避型依恋者可能说拒绝你，但依然配合你；回避型依恋者可能说讨厌你，但依然关心你。

如果你能稍微了解一些对方的行为模式，可以减少很多沟通成本，避免不必要的失败。焦虑型依恋者情绪不稳定，大多因为不被理解；而回避型依恋者的苦闷亦是如此。

回避型依恋者虽然进入亲密关系的过程很缓慢，但要坚信你们是能够进入某种亲密关系的。

但你们要是总在跑来跑去，一会儿想着亲密相处太痛苦了，选择逃离；一会儿又觉得自己还是爱他的，莫名其妙又跑了回来。

曲折的弯路走多了，缔结亲密关系难度就会变大，你们的关系就会一直停在原地。

理解是相互的。焦虑型依恋者和回避型依恋者可以一起阅读这本书。

虽然树懒动作慢，豹子动作快，但至少你们在同一条赛道上，不是吗？

总有一天你们还是会重逢。

对焦虑型依恋者来说，你跑得快一些，多在乎他一些，多付出一些，那又怎样？每个人的爱和付出都有极限，你可以选择保持一种稳定的度，不增也不减，让自己不会心理失衡，就足够了。

在关系的一开始，回避型依恋者会慢一些，少在乎你一些，少付出一些，但只要你们的关系稳定下来，他也会逐渐加大投入的，一开始只是一句不经意的关心，到了后面，就会发展为真正的亲密关系了。而且，回避型依恋者在乎一个人很难，所以也非常专一、长情。

你要是真的喜欢对方，那对方在你身旁，你就会很开心，不需要强迫他赶紧从他自己的世界里出来。你时不时戳戳他、逗弄他，他也会很开心，感觉自己不再孤单了。

你也不一定要急着“改造”回避型依恋者，更不要因为他是回避型，就给他特殊照顾，限制了自己想说的话，想做的事。

你要做自由的豹子，也要让他做自由的树懒。

我常说“回避型依恋者是需要被引导的”，他们就好比刚学走路的孩子，在亲密关系中该做什么事，该做什么话，他们起初是不懂的，不做、不说，不代表他们漠视你，他们只是不知道怎么做，不知道怎么说。

你需要充当这段关系的领头人。这种情况下，你是在“向下兼容”，选了一个比你弱的弱者。

因为对方比你弱，你只能暂时宠着对方。回避型依恋者们感觉到有人理解自己，愿意给自己一定的情感支撑，安全感就慢慢有了，信任感就慢慢多了。

“安全”和“信任”这两位好朋友找到了，他们才会有心思去找“依赖”这位好朋友。

当他们能够依赖你了，你还怕他们不在乎你吗？你还怕他们不担心会失去你吗？到时候再让他们为一个自己爱的人做出改变，对他们来说感觉就完全不同了。

共同构建一段感情，就好像在“寻宝”。在这个你们彼此共同寻宝的过程中，回避型依恋者也早已完全把自己的真心交给了你。

而你，早就已经成为他的唯一，他生命中不可替代的存在。

从“喜欢”到“爱”的六种路径

> 喜欢是浅层次的爱，爱是深层次的喜欢。怎么突破这一层，升级为对方生命中不可或缺的人呢？

看到这本书的读者，一定有互有好感的对象。但是在与回避型依恋者的沟通中，最让人伤心、愤怒，但又无计可施的情形是：对方似乎不愿意真心对你。往往是你和他讲了半天，也弄不清他的真实意思，也就更谈不上“亲密无间”了。

典型场景是这样的：

你：“我明天去玩剧本杀，你去吗？”

他：“我不爱玩这个，不去了吧。”

你看他不情愿，于是一个人去玩了剧本杀。原本以为这下子两个人都满意了，但等你回去后，他好像有点生气，你问他原因，他却说不出来所以然。

你：“我是不是做错什么事了？我们好好沟通一下好不好，我下次注意。”

他：“没什么。”

你：“你有没有觉得，我们之间有点问题？我想和你好好聊聊。”

他：“你不如想想待会吃什么吧。”

你以为真的没什么问题，但过一会儿你再找话头和他聊天，却发现气氛不对。

你：“你今天胃口不错啊。”

他：“你什么意思，嫌我胖吗，多吃一点也要说我。”

他永远在敷衍你严肃的提问，不愿意面对问题。他的躲闪，让你不知道他的想法，也没法有效解决你们之间的问题。你直面出击，他回避，但情绪却时不时冒出来。这段感情若即若离，甚至你开始怀疑他是不是真的喜欢你。

你想要引导他，就必须先了解回避型依恋者。

他在潜意识中对亲密依恋的渴求一直都在，但是他的理智战胜了对亲密的需求。

他总在担心，一旦进入长期关系，对方会发现自己的缺点，从而失去对自己的热情；也担心你不会认真对待他的感情。甚至很多逃避型依恋者会不断寻求新的亲密关系，因为他们能处理短暂的亲密关系，在这种熟悉的模式中才能获得自己需要的安全感。

这是一种多余的自我防御：为了让自己不受伤害，索性不去面对自己的真实感受。

当你通过认真交流寻找与他的情绪共鸣时，实际上是在要求他面对自己的感情，而这是他原本就做不到的。这对于他来说是个很大的问题，即使你的本意并不是给他制造问题。

如果你觉得太累了，感觉很不平衡，那我建议你及早止损，这对双方来说都是好事。

但如果你确定你是爱他的，并且你有足够的勇气去面对他的若即若离，那么请你继续往下走，用你的耐心、陪伴和爱逐步获得他们的信任和依赖，这也是一种尝试和体验。或许你也能得到一个真正爱你的他。

那我们如何去耐心引导？

一、倾听

能够倾听别人，对一段感情来说是最基础的一步。可能大家觉得这是老生常谈，但这一步对于回避型依恋者来说十分重要。

因为回避型依恋者在成长的过程中，一直主动或者被动隐藏了自己的感受。也许是因为和父母的隔阂，也许是因为课业压力重，他们认为很多感受，即使说出来也没用。所以，他们往往会选择自己默默处理情绪。

所以，一旦他偶尔表达出一点点真情实感，你一定要抓住机会，认真倾听。

只要这样做，他对你的信任就会逐步增多。

一旦他知道自己的情绪能够被你接纳，那么你的认真倾听，就可能慢慢攻破他的心理防线。

二、好奇心

不要用自己之前的经验预设他的想法。带着好奇心与他相处，这样的相处模式会减少你们之间的误会，这也有利于维持你们之间的新鲜感。

源源不断的新鲜感受会挑战你们原有的观念，激发出你们新的认知，让你们时常保持愉悦和亲密。

你可以去想一想，但不要直接问他的问题有：

他今天做了什么事，心情怎么样?

他今天有什么特殊情绪（很开心、很失落……）吗？什么事情引发了他的特殊情绪呢?

对于我们今天的共同经历（一起看电影，一起去见了朋友），他的感受是怎样的呢?

他的重大决定背后隐藏了怎样的思考呢?

他经历过什么改变了他的事情？他是怎样消化这件事的呢?

三、新奇体验

不仅是和回避型依恋者，和任何人相处，找到一种新奇的体验感都是很重要的。所以你们可以经常去尝试那些能够重新唤起新奇感受的事情。

如果你们没有一起做过以下的事情，就一起去尝试；如果已经做过了，那就发挥你的创造力，创造出你们之间的新奇体验：

去陌生城市旅行
偶尔精心策划一次朋友聚会
做一些有纪念意义的手工
放下手机，一起去喝杯露天咖啡
重走你们第一次约会的路线
……

四、结交一些有丰富情绪体验的朋友

回避型依恋者们往往会把自己的情绪藏得很深，久而久之，他们就会认为自己没有情绪。所以如果他结交了一些积极的、有丰富情绪体验的朋友，他能够通过朋友了解到正常人的情感模式。

而且，一个这样的朋友会分散你们的注意力，让你们不用总是在关系中钻牛角尖、担惊受怕。

五、增强信息传递

一个男人闷闷不乐地回到家，妻子和他说话，他也只是敷衍一下。第二天，他又是一脸阴郁，一言不发地上班去了。妻子以为男人不爱自己了，其实这一切都只是因为男人回家前看到自己喜欢的球队输了比赛。

在这个故事中，男人给出的信息和妻子接收到的信息之间，存在很大的差异。实际上很多恋情都是因为这种误会而终止的。

对于容易缺乏安全感的人来说，我们不能理所当然地认为，对方是理解我们的做法的。比如，哪怕你只是晚回来一点儿，也许需要把原因告诉对方：

我今天晚点回来，××点（给出具体时间）吧。

我不确定会议什么时候结束，结束的时候我可能没办法立刻和你打电话，但我到了酒店一定打视频电话给你。

但也不是说，女性在关系中需要不断沟通，变成一个唠叨的“管家婆”，做到有度就好，具体这个“度”在哪里，你们可以通过沟通不断调整。

双方都需要不断引导对方去表达自己真实的想法。让双方能够建立一个双向的、有效的信息传递，减少误会。

同时，你们需要建立更有效的解决问题的方式，比如：约定好如果生气了就不说“晚安”，根据这个信号知道对方生气了，减少无谓的猜测；如果吵架了，双方在冷静下来之后，可以互相说句“对不起”。

六、逐步建立承诺

回避型依恋者最怕的便是承诺，他们可能会说“我只想谈恋爱，不想结婚”之类的话，如果你完全依着他，为了不给他压力，也不对未来做出任何承诺，很有可能他并不会领情，反而无法从你这里获得安全感，最终这段关系有可能以分手告终。

如果前面的五点你都完全做到了，那么可以尝试着勇敢一点，逐步让双方建立承诺——哪怕冒着分手的风险，因为一段感情终究要不断发展的，毕竟“流水不腐，户枢不蠹”。

对于各种类型的依恋者来说，都一定要踏出勇敢的一步。

勇气并不是没有恐惧，而是心怀恐惧，仍旧向前。

虽然已经过去，我还是期望你在

> 挽回一个失望透顶的对象，是可能的吗？

在爱情里失望是种怎样的体验呢？

那种失望，不是愤怒，也不是痛苦，只是一种让人产生无力感的失望，就像所有的灯都接连熄灭。就像那些断电的日子。

小时候最害怕断电。看不到每晚的动画片，灯光熄灭，连人也变得沉默起来。弥漫的孤独感让人无所适从。

爱情中也会有这样的断电时刻。

一个冷漠的背影，一句不耐烦的打断，一场意兴阑珊的电影，一个不在乎的眼神。

双方中的某个人，一定会敏锐地察觉到，有什么东西悄然横亘在他们的爱情里，裂缝出现，你们不再亲密无间，两个人被某种力量推着渐行渐远。

我曾经接待过一些正在遭遇断电的女孩们，她们告诉我：每一次断电，都会消耗一部分爱情的能量。断电的时间久了，就难免会想要分手。

《围城》里的唐晓芙说，我爱的人，我要能够占领他整个生命。

因为失望而和你分手的人也是这么想的。

他们往往不是因为不够爱，而是因为很爱，对另一半有着过多的期待，所以实在架不住一次次的期望之后又一次次失望的沮丧，爱情满是裂缝。

最后选择分手，是一瞬间的决定。

但一瞬间的决定背后，是无数次累积的失望。没有无缘无故的分手，有的只是不再忍耐。

我的一位咨询者小金，找到我的时候，她也并不清楚自己的主诉求是什么，只是和男朋友在一起之后，觉得自己的状态变得很差，无论干什么都觉得很累。我们深入沟通后才知道，她的男友往往会隔几小时才回复一条消息，问他，他就轻描淡写地说一句“刚刚有事出去了”，从来都不会因为迟回消息，主动和小金好好解释。

小金生病了，他就会让她自己去医院，从来没想着抽空陪她一起去。他们一起出去玩，只有小金在查路线，男生到旅馆就休息。

这个男生也很少关注小金的情绪变化，哪怕她已经有些不开心了，也从没想去认真地沟通一下。一开始，小金一直告诉自己，爱就是长久忍耐，也许只要等下去，他就会变得更成熟了呢？但时间一天天过去了，他始终没长大。

渐渐地，小金才明白，爱情不能只靠一个人的忍让维持下去。长期压抑和堆积负面情绪，再好的感情都有一天会被消耗殆尽。

这种因为失望造成的分手，丢失的不是好感，而是信任感。

你一直忽视伴侣的期待，导致她对这段关系已经不抱任何期待。很多时候，感情中的断电不是偶然发生的，而是你们的能量，早就被消磨殆尽。

所以，回避型依恋者如果想要挽回另一半，你只有真真切切地去让她看到你已经改变或者正在改变，才会重新对你抱有期望。

作为“被期望”的那一方，我们要做的，是尝试了解你爱的人心里的念头和想法，即时回应对方的期待，构建对未来的憧憬。

你要告诉她：你想和她一起创造想要的未来，你对未来的规划是怎样的，你愿意成为她一生的伴侣，她自然会重新开始期待你。

亲密关系里的双方都是要付出的。即时回应伴侣的期待是恋爱的美好之处，构造两人对未来的憧憬，也是长久关系的基石。毕竟一段没有未来的恋爱，谁还会想要继续呢？

你可以这样对你想要挽回的伴侣说：

其实前段时间我一直在埋怨你，为什么你要跟我分手，让我这么难过？可当我冷静下来之后，回想我们的感情，我才发现，残忍的那个人其实是我。我一直自私地从你身上获得爱，却没有让自己变成你想看到的那个人。看着你离开我时的那种失望的眼神，我有些心疼。

可是人就是这样，往往在失去之后才能意识到自己的问题。刚开始，我觉得现在去改变已经太晚了，你已经离开我了。可是慢慢我才发现，我的很多问题，要通过你回来才能够去改变，单凭我自己是做不到的。

一直没能告诉你，我曾经好好设想过我们的未来，曾经憧憬过我们可以相伴一生，或许是因为觉得时机还不够，所以把这些默默埋藏在了心底。抱歉，是我太幼稚，让你这么失望，也谢谢你。是你让我意识到了自己的问题，也是你让我成长。

当你把这样的一段话发给对方之后，对方的第一感觉是什么？是觉得你变了，变得比以前更成熟了，变得比以前更好了。

这个时候你可以试着先和对方做朋友，再逐渐去尝试复合，人与人之间的关系需要层层递进，才能够更加的稳定。明白了这些，你也可以当一名合格的“爱情电工”。

第六章

告别依赖无能的自己

我和你在一起，是舒服的、自在的、温暖的、安心的、幸福的。

无关你的价值，只要是和你这个人在一起，我就觉得很值得。

变优秀，就会更容易被爱吗？

爱与优秀无关，与爱的能力有关。

《小王子》中有一段话这样说：

“你们很美，但你们是空虚的。”小王子对他们说，“没有人能为你们去死。当然啰，我的那朵玫瑰花，一个普通的过路人以为她和你们一样。可是，它单独一朵就比你们全体更重要，因为它是我浇灌的。因为它是我放在花罩中的。因为它是我用屏风保护起来的。因为它身上的毛虫(除了留下两三只为了变蝴蝶而外)是我除灭的。因为我倾听过它的怨艾和自诩，甚至有时我聆听着它的沉默。因为它是我的玫瑰。”

事实上小王子这朵玫瑰与花园里另外五千朵玫瑰并无不同，是小王子对玫瑰的呵护，赋予了玫瑰在他心中的价值和意义。

这世界上并没有所谓更好的，你付出过时间和真心去呵护的那一朵玫瑰花，即使再普通，也会被爱赋予光芒万丈。

但很多人不能接受自己的普通。对不自信的人来说，一想到吸引异性，就会想到自我提升。还有一句话叫“你若盛开，蝴蝶自来”。

比如女性会靠打扮、医美、健身等方式来让自己看起来更美，提升外在魅力；再比如会通过学习两性相处技巧来提升内在魅力，通过这种方式吸引自己心仪的男性。

这样做当然有一定的道理。你变优秀了，自然就会对别人产生更大的吸引力。

我接触过很多来访者的案例，有的姑娘确实通过化妆、整容的方式，让自己相貌变得更好看、眼睛变得更大、鼻子变得更挺拔，得到了更多的追求者。

但你们有没有想过：为什么你变得优秀了、有价值了、就会吸引到别人？

从心理学的角度分析，人之所以喜欢比自己优秀的人，那是因为他们自己看到了理想中的自己。

假设我是一个不够自信的人。有可能，我喜欢你的特质，其实都是我渴望拥有的。

我内在也有这些愿望，只是我实现不了，甚至没有意识到自己有这样的愿望，或者无法承认自己有这样的愿望，因而我把这部分的自我期待，转移到你身上了。

这种通过价值而创造的吸引力，就好比是：我欣赏你，所以我才会喜欢你。

这种吸引力，只在短期内发挥作用。

当你跟优秀的人有距离的时候，你会觉得他特别耀眼，很想靠近他。

但是当你真正靠近他之后，你会发现：对方优秀与否，与你们能否结成亲密关系，完全是两码事。

所以，你提高了自我价值，会带来吸引力，但“吸引”并不等于“亲密”。甚至有时候一方过于优秀了，反而还会影响你们的亲密关系。

大家都知道，自我价值是需要精力来维系的。

比如，你靠化妆变美，那你就会害怕自己素颜面对另一半的模样；你提升自己的沟通能力，营造了“高情商”的形象，那你就会害怕自己有一天发脾气，给人留下“撒泼”的坏形象。

所以，你束手束脚，不敢暴露真实的自我，也就很难缔结真正亲密的关系。

另外在某些时候，你的自我价值过高，也会让别人感到自卑，感到配不上你。

亲密是什么意思？它是一种长期稳定的情感流动。

真正的亲密，是这个人喜欢你，被你吸引，只是因为你是你，不是因为你的某些优点。

亲密让我可以感受到我们的心是联结在一起的，我和你在一起，是舒服的、自在的、温暖的、安心的、幸福的。

无关你的价值，只要是和你这个人在一起，我就觉得很值得。

说句“扎心”的大实话：靠自我价值建立起来的吸引，脆弱得不堪一击。

因为这时候对方对你的喜欢，并不是你本身，而是你的价值，你的优秀。换一个比你更有价值的人，他还是会去喜欢，甚至更喜欢。

通过亲密建立起的关系，才是真正的、稳定的吸引。

这种来自对方的喜欢，即使你有一天不再风光依旧，也是谁都无法替代的。

用一句话总结：好的亲密关系，就是真实做自己。

身为回避型依恋者，会袒露自己的缺点，多半是在已经分手或濒临分手的边缘，才会说出自己内心的真实想法。在关系还没破裂的时候，他们常常是一个伪装者，假装开心，假装接受。

他们之所以会有这样的伪装状态，是骨子里的自卑心态所导致的（自卑可能源于原生家庭也可能源于后期的社会经历）。“因为我是低位者，所以我不配拥有亲密关系，所以我要处处‘迁就’对方”，这就是他们内心的潜台词。

要让回避型依恋者正确认识亲密关系中是可以坦诚做自我的，这不仅仅可以通过伴侣的赞赏来实现，回避型依恋者本身的自我接受也是非常重要的，如果他们打心底都不认可自己，那当然也就很难相信你的称赞是出自真心了。

如果你把目光聚焦到糟糕的一面，糟糕就成了全部，你也会随之变得阴郁；但哪怕只有1%的事是光明的，你盯着那1%，你就会开朗起来。如果仅仅因为我们有某些缺点，就把自己藏到阴影中，那么其他人就不可能会发现你独特的一面。

接纳自己的不完美并不是破罐子破摔的气馁，而是知道和接受不完美后的坦然。正如卢梭所说，“人生而自由，却无往不在枷锁之中”，是的，枷锁很多，不止是来自身边人的偏见，很多时候更是因为你看不见真实的自己，连你自己都不接纳自己，那么这个世界又怎么会接纳你呢?

接纳自己的不完美，在亲密关系中坦陈自己的不完美，这是一个全新的开始，由此你可以允许身边的人不完美，世界的不完美，这样的你，反而会变得更加开阔，去看到世界不一样的美好。

情绪价值高的人，缘分都不会太差

> 情绪价值不是简单地让对方开心，而是能有效调节对方的情绪。

回避型依恋者们往往在硬实力方面没有太大问题，他们感情受挫，往往是在软实力方面遭遇滑铁卢。在咨询中，我发现一个奇怪的现象：很多找到我的咨询者们，要颜值有颜值，要能力有能力，但还是面临着“被分手”的境遇。

这样的尴尬，其实都和心理学中我们称为软实力的情绪价值有关。

凡是有稍微接触过情感理论的人都会知道，提供情绪价值就是我们常说的“嘴甜”，让对方开心。不过，仅仅让对方开心，只能算是初级阶段提供情绪价值的能力。

稍微高级一点的提供情绪价值的能力，其实就是控制对方情绪的能力：你有能力能让对方开心，同样也有能力让对方难过。

深层次的情绪价值同样也是长远恋爱的根基，也就是我们在亲密关系中所想要达到的层面——让伴侣在精神上离不开你。

很多人在恋爱的过程中，都做过这样的蠢事：

在不恰当的时候分享自己的生活趣事；
为了缓解聊天的尴尬讲了个笑话，结果更尴尬了；
企图通过过度讨好对方，让他爱上你。

毫无例外，这些行为都只会加深对方认为“和他恋爱真无趣”的心理。

你在硬实力上也许并不比别人差，软实力却拖垮了你。

软实力与硬实力都是一个人不可或缺的价值。总的来说，情绪价值是亲密关系中更胜一筹的价值，它可以压倒性地战胜其他方面的价值。

为什么说情绪价值更胜一筹呢？一般来说，一个人的相貌、学历、收入、家庭环境等条件都是没有办法马上改变的，而可以快速改变的就只有你提供给对方的情绪价值。情绪价值可以弥补其他实力的一些不足。

你要知道，既然对方选择和你这个人在一起，说明你的硬实力上面是过关的，起码是在能让对方接受的范围之内的，他们之所以会选择离开你，就是因为你软实力（情绪价值）上面的欠缺，比如情绪掌控能力差、共情能力差、矛盾处理能力差等。

一、情绪价值的基础：情绪稳定

动不动一哭二闹三上吊，动不动“翻旧账”，这就是情绪在控制你的表现。这样的行为就好比人格分裂，你怎么能够让对方信服你能够给他提供情绪价值呢？

我遇到过太多二十岁出头的咨询者，分手的原因无一例外都是自己无法控制好自己失衡的情绪，因吵闹而分手。

在有能力掌控他人的情绪之前，你一定要学会操控自己的情绪。因此你需要做到以下两点：

①不管有什么情绪，照顾好自己

控制情绪的基础，是照顾好自己的身体。我们处理一切问题的基础，是吃好、喝好、睡好，保证基础的体能。

如果你预计到自己要处理一场情绪爆发，那么要保证在那一天需要你消耗自控力的事情不多，比如你那一天不在节食、考试、处理高强度工作。因为，人的自控能力每天都是有限的，在这里消耗，在那里可能就会没有余量了。

②优先感受善意

当你遇到正面冲突的时候，你需要学会采用“疑罪从无”的方式去思考问题，也就是先假设对方是关心你、爱你的，然后想想他们对你好的时候，再对比一下你认为他们对你不好的时候。如果没办法找到切实的证据证明他们不爱你了，就把潜意识层面“他很爱我”的声音提升到意识层面，用自控力来克制自己有可能做出的一系列情绪化的举动。

只有当你们的感情是持续的、稳定的，对方才能够从你这边获得“踏实感”，而踏实感能够持续稳定到后期，就是“习惯感”了。在这个过程中，如果你的情绪是反复的，并且甚至会试探性地多次提出分手（哪怕是假性的），那你们的关系也会断断续续，踏实感就没办法形成，那你怎么还能指望对方离不开你呢?

二、情绪价值的前提：你自身的积极状态

想要给对方提供良好的情绪价值，首先你本身得是一个积极乐观的人。这是毋庸置疑的前提，没满足这个条件所提供的情绪价值，就会很容易显得非常虚假。你要记住，没有一个人会选择和一个“怨妇”谈恋爱。

整天愁眉苦脸地担心他会不会离开、一成不变地希望对方能够按照你的想法做事，这其实都是属于对情绪价值的索取。

能提供情绪价值的人绝对是一个能够自给自足的人，不会经常性地索取情绪价值。

除了不开心、抱怨、批判、责备，质问对方为什么不爱你了，也是索取情绪价值最常见的表现。

想要让对方感受到你的积极情绪，作为另一半，最简单的方法就是去夸对方。

为什么有的人会说，我已经每天在提供正向的情绪价值了，怎么感觉没有用?

那是因为你只看到了表象。换位思考一下，要是有个人每天有事没事夸我，要么是在“捧杀”我，要么就是对我有所求，我不接受你所谓的情绪价值是正常的。毕竟谁会喜欢一个马屁精呢?

夸奖也是讲究方法的。如果成天毫无原则地夸奖对方，是会让对方有一种不切实际的感受。我建议，要学会基于实际发生的事情去夸赞对方。比如你们相处过程中，对方做了一道菜，有可能虽然菜的口味没有那么合你的胃口，但是你感受到了对方的心意，也可以夸夸他“手艺不错”。

一个人贪恋情绪价值的本质是想要被爱和被接纳。从某个角度上来讲，我们提供情绪价值，实际上就是告诉对方：“你是值得被喜欢的，我是喜欢你的，接纳你的，所以我会愿意为你付出。”

往往感情中一直讨好对方的人，情绪价值是最低的，因为你太稳定了，对方都不需要为你投入他的情绪价值。

所以在亲密关系中，你没必要一直去讨好另一半。在适当的时候，我们不需要回避矛盾和冲突，也不要一直绞尽脑汁去逗对方开心。有时候我们要求对方付出，也可以成为一种情绪价值，这也就是我下面需要讲到的“服从性测试”。

三、情绪价值的策略是：“服从性测试”。

服从性测试主要是叫对方干一些事情，以此确保他是服务于你的。

讨好型人格就属于无条件服从的一类人，他们在亲密关系中通常会接受对方的一切要求，即使有些要求会触犯他们的原则和底线，他们也会选择隐忍。在他们的思维里，因为爱你，所以就要为你付出一切。

当然你也不能直接拒绝对方的要求，这样对方会感觉到你的叛逆和强势，降低和你交往的兴趣。那么你该怎么办呢？

你在做任何事情前，都需要记住这个原则：我愿意听你的，愿意做事，不是因为我爱你，而是因为你爱我。

追求一个人的底层逻辑，并不是“我对你付出，所以你会无法自拔地爱上我”；而是“我引导你为我付出，然后让你习惯这一行为，从而使你离不开我”。

这里需要提到一个“投资原理”。他为你做的事情越多，他为你花的心思越多，那么他就会逆向合理化地认为，他很爱你。

每当你选择顺从对方，对他好的时候，你都要明确自己能获得什么情感回报，并且强化对方为你付出这个行为。如果他对你冷淡，即使你再焦虑，再恐慌，在没有实质性的证据之前，你都需要抗住这种情绪。因为，情绪价值的基础是情绪稳定。如果你连第一关都过不了，后面还怎么打怪升级呢？

比如你在和对方沟通的过程中，可以和男友吐槽自己有睡懒觉的习惯，闹钟通常都叫不醒你。这时候当你发话了后，一般男人都会选择接你的话，表示自己愿意明天打电话叫你起床，如果你的男友比较木讷，不擅长表达，你也可以直接和他提出需求，希望他能给你一个早安电话。

你们别小看这个早安电话，虽然是一件很小的事情，但是他要做到这一点，就要时刻想着明天早上要叫你，自己先定个闹钟吧，可别耽误了你的事。那么他临睡前和第二天早上肯定都在想这件事情，这其实就是对你的情绪投入。

接着你可以再深入一点，下次临考试之前，你可以对他说：“早上你叫我起床后，能不能顺路帮我带个早饭过来，昨天我熬夜加班太晚了。”

这比之前你要求他做的事情难度上升了一点，但是男生之前已经服从过你一次了，这一次他很有可能会习惯性地服从你。

你要让自己看起来“难以获得”，对方要一点点付出，才能得到你的好。一味地无底线付出，只会让你看上去很“廉价”。

如果你使用服从性测试，一环扣一环，让男人一点点服从你，积累他对你的付出，最后他就会发现自己已经完全离不开你了。

重建爱的能力

> 所谓安全感，并非一种感觉，而是可以模仿的行为模式。

威尔弗雷德·鲁普莱希特·比昂的“α和β客体理论”指出，一个人的依恋模式主要由两个命题来决定：

1. 我值不值得被爱？（自我价值认同）

2. 别人值不值得信任？（他人价值认同）

这两个问题的答案，决定了你是哪种依恋类型。

焦虑型依恋者，往往是第一个问题出现了困扰。从小被情感忽略的经历让他们感觉自己似乎不值得被爱，很害怕被抛弃，他们很容易贬低自身的价值。

而回避型依恋者往往是第二个命题出现了困扰。他们在过往的经历中发现，爱情靠不住，独自一人才能让他们感到安全。

对于回避型依恋者来说，自己能为自己创造的价值是高的，但是他人能带给他们的价值很低。对于感情，他们不是不想爱，而是不敢爱。

他们觉得一旦走进一段确定的关系，最终总会伤痕累累，与其遍体鳞伤，不如早点撤退。因此回避型依恋者会产生“我不需要别人”的信念，以“冷漠”当作自我保护的盾牌。

但是他们真的不需要亲密关系吗？不见得。

回避型依恋者在恋爱中缺失的东西主要是安全感。

所谓安全感，指的是我们在跟他人互动的过程中，我们是否相信自己会被对方接纳、认可、喜欢。

“安全感”通常又分为两个部分：

外在安全感：即安全感的外在表现，在亲密关系中不容易感到紧张或焦虑。比如一个姑娘整天担忧男朋友还爱不爱她，害怕自己有一天会被抛弃，这就是没有安全感的表现。

对于回避型依恋者来讲，他们更擅长隐藏自己的情绪，压抑自己的内心，因此常人很难察觉到他们有没有外在的安全感。

“内在安全感”的概念是，人们能否相信自己可以真正获得一段稳定的亲密关系，说得直白一些就是自己“配不配得到幸福”。

外在安全感和内在安全感并不是简单对等的。外在的安全感就好比水面上的小鸭子，看上去它已经“平稳”地落在了水面上，但实际上代表内在安全感的水下的鲸鱼可能已经快要窒息。

安全感更多时候是一种细腻的内在需求。

心理学大师荣格曾提出过“人格与阴影”的理论，简单来说，就是当一个人表现出A面时，他的负A面就被隐藏起来了。

在关系中，一个人越是极力强调自己不需要任何人，就说明，他们压抑的自我需要也越深。

只是，当流露出脆弱时，他们很容易被强烈的不安全感吞没。于是，为了提升自己的安全感，回避型依恋者会索性用“独立”来掩盖自己的需要。

事实上，真正独立的人，都是很灵活的。他们既能表现出独立的一面，也能表现出依赖的一面，不会因此觉得羞耻。他们的行为，可以根据对方的需要，或实际情况的变化，做出相应的调整。

反过来说，总是以“独立”为借口，拒绝一切情感的索取，拒绝任何脆弱的流露，这其实是一个人很没有安全感的表现。

如果把回避型依恋者所需要或所认可的安全感划分为两个层次的话，它主要分为：

- 安全的关系模式
- 安心的回馈机制

① 安全的关系模式

这个层次主要指的是伴侣能够给予回避型依恋者们关注，

让他们感觉到，自己身处在这段关系中，是能够被对方重视的、喜欢的，是可以作为关系的掌控者出现的。

这样的模式如果最初没有建立起来的话，掌控感就会出现一些问题，会让回避型依恋者们觉得自己必须做点什么，才能够获得伴侣的青睐；或认为自己保持自我是不好的，是不配被人喜欢的。

② 安心的回馈机制

它指的是伴侣能够关注回避型依恋者的情绪和陪伴，让他们能够感受到“对方不会离开，会一直陪着自己，而且能够帮助他们去处理那些多余的情绪，直到他们不再需要为止。”

回馈机制向内精细划分，可以分为——持续稳定的踏实感（让回避型依恋者信服你不会离开）和分担多余情绪的责任心。

回避型依恋者就好比任性的孩子，他们是很难独自承担太大的负面情绪的。

我遇到的案例中，常见的情况就是回避型依恋者常常会莫名其妙“玩消失”，信息不回，电话不接，甚至拒绝和你见面。这时候他们的伴侣就会开始感到不安，习惯性地用讲道理或责备的方式来宣泄自己的委屈感，企图让回避型依恋者能够了解他们的感受。

这样的事情，对于正常的成年人来说，他们绝对是有足够的能力去承担这样的负面情绪的，愧疚也好，沮丧也罢，毕竟从表象来看，的确是自己犯错在先。

但是对于回避型依恋者来讲，这是一件难以承担的大事。因为他们有着超乎常人的愧疚感，日积月累，这样的责备就会成为根深蒂固的愧疚，让回避型依恋者慢慢地坚信“你和我在一起很痛苦”。

如果回避型依恋者们消失了，正确的方法应该是让出一定的独立空间给他们。比如：“你是不是最近心情不好？看你工作压力挺大的，要是我的话，我也想要一个人多待一段时间，没事的。”

如果你爱他们，可以安抚他们，帮助他们理解他们的行为，其实这也是委婉地表达了你自己的感受。

这个解决办法，也来源于英国精神分析学家威尔弗雷德·鲁普莱希特·比昂的“α和β客体理论”。

你需要做β客体，要把回避型依恋者承受不了的感受拿到自己这儿来，用自己的理解分析完再返还给对方，这样就能帮助回避型去认可安心回馈机制的稳定性。

如果这个回馈机制无法很好地建立，那回避型依恋者在亲密关系中就经常会体验到：

是不是所有人最终都会离开我啊？

我也不知道为什么，别人就走了。到底是我哪儿做得不好啊？

反正别人离开是早晚的事，我干脆离开他们好了。

对回避型依恋者们来说，你需要注意回馈的一致性。比如今天他们回避了，你给予了耐心的理解，明天他们回避了，你就不要施加责备的怨气。

帮助回避型依恋者建立安全模式的前提是你内心稳定。如果你经常体验到类似焦虑型依恋的感情，就先别只顾着帮助回避型依恋者，因为你自己很可能也已经伤痕累累了。

在心理咨询中，我去帮助咨询者修复安全感通常有三个步骤“建立关系——分析现状——支持改变”。

在咨询的过程中，通过我和咨询者建立的全新关系，帮助他们重新去体验那些不好的过往经历，获得对于事物正确的评价和看法。

有不少咨询者在结束辅导后，说他们对我印象最深的不是我到底和他们采用什么方式去沟通，沟通了什么，而是无论他们说什么，他们都会特别坚信我一定是不会去批判他们的，我会采用包容和理解的态度帮助他们去正视那个不完美的自己。

我常常通过自己的咨询经验以及惯用的理论知识，帮助咨询者去分析：拥有内在安全感的状态是什么？关系的进程到底卡在了什么地方？你们需要改变的到底是哪一部分人格？缺失的情感会对你今后的生活带来哪些影响？

通过我“公开化摊牌”的分析，你们能够将潜意识的行为放在意识层面，扩大意识后，你们就可以规避一些自我伤害的行为。

同时在指导的过程中，我也会陪着你们去改变，因为很多时候一个人靠自制力去改变，其实是一件特别困难的事，但当你有了一个信任的人和你一起去尝试，会相对容易得多。

希望不管哪种类型的依恋者，都可以在本书的帮助下，重建自己的安全感。

获得你的亲密、激情和承诺

> 你要坚信，爱是一种可以学习的能力。

我遇到过不少人向我抱怨，他们陷入了假性亲密关系。

吃一顿饭，明明心里有委屈，也会抢着付款；看一场电影，就是两个人坐在黑暗中把电影看完而已；约好一起出去玩，没有谁会特意准备一个计划；吵架了，不开心了，买个礼物哄一哄就好；可以聊天，但聊的内容几乎全是娱乐新闻。

这样的关系，一切和平友好，好像也很甜蜜。可是，一触碰到亲密关系更深层次的问题，比如工作问题导致的异地恋，比如原生家庭导致的婚嫁问题，比如工作压力导致的抱怨和焦虑的沟通，比如一碰到金钱问题就闹情绪，比如从未想过是图开心恋爱还是想跟一个人结婚，对方好像就没了自己的主见，你问他，也问不出个所以然。

这种感情状态，大多数是走一步，算一步。通俗点来说，假性亲密的两个人，看上去关系还不错，相互保持尊重和理解，但缺乏一种紧密的情感联结。

其实你没有打开过自己的世界，也没有走进过对方的内心，你并没有因为恋爱而丰富自己的精神世界，只是找了一个人来打发无聊的时光。当那颗怦怦跳动的心安静下来，生活的真相才开始跟你算起了小账。

如果说真正的亲密关系中的双方，都是具有共情式的换位思考能力的，那假性亲密关系中的双方，就会缺乏这种深度恋爱的能力，他们倾向于保护自己，而不是能在舒适安全的状态下给对方提供情绪价值。

美国耶鲁大学心理学教授罗伯特·J. 斯滕伯格在爱情三元素理论中提出好的爱情应该由亲密+激情+承诺或亲密+承诺所组成。

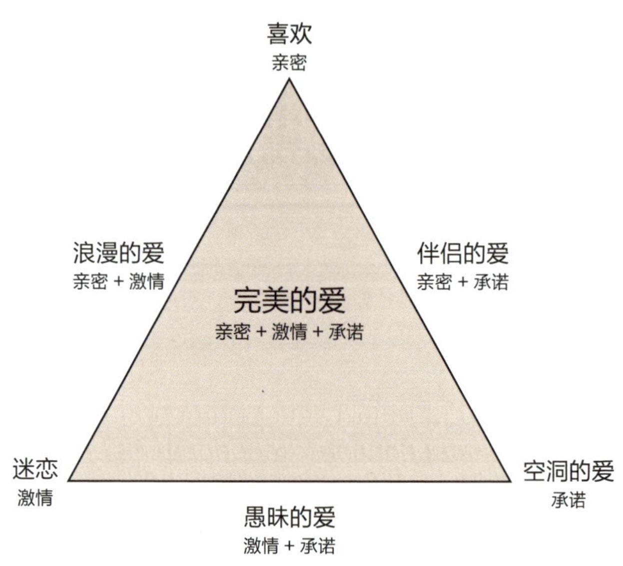

“爱情三元素”理论

承诺是良好亲密关系不可或缺的一部分，而当下很多人所经历的感情，却缺乏对未来的承诺。很多时候，他们用形式上的“配合”来掩盖本质上亲密关系的匮乏。究其根本，这是一种“爱的能力”的缺失。

我们跟一个人相处，就是磨合两个人的脾气；我们有可能从另一半的身上学到坏习惯，也有可能学到好习惯。

比如，你有不依附别人的经济能力，他有干净利落的执行能力；你很熟悉办公软件，他很擅长摄影设计；你偶尔赖床不化妆，他总是深夜偷吃夜宵。一个人的自律能力会带动另一个人，同样一个人的负能量也会传染给另一半。

这种情况下，清晰的边界感和情感交流，就非常重要了。谈了很久的恋爱，在意见不一致时，你们能够理解对方的苦衷吗？在赌气闹别扭时，你们能够解决那些糟糕的问题吗？在遇到误会时，你们依然愿意相信对方，听完他的解释吗？

重要的是，你们在聊天的过程中，你能否清晰地表达你的想法、你的需要、你的自我认知，不藏事、不藏话、不藏拙？

我们所说的换位思考，其实不少人是做不到的。你可以换“位”，但是你的思考方式还是你原本自己的思考方式，你并没有因此理解对方的内心。

比如，我都不嫌弃你吃路边摊，不嫌弃你的工作不好，不嫌弃你的家庭不好，你也不能嫌弃我。如果当你做“换位思考”的过程中，你的脑海中常常会萌生出类似的想法，那就证明这个换位思考是彻底失败的。这不叫换位思考，叫揣着明白装糊涂。表面上显得你很大度，实际上反而是你计较的表现。

恋爱是平视，不应是俯视或者仰视。

华盛顿大学的社会心理学家约翰·戈特曼和妻子在40年里一直致力于研究婚姻，想要弄清决定一段长期亲密关系好坏的因素到底是什么。他们发现，对于那些最初都非常相爱的伴侣来说，最容易导致他们分手的并不是多么大的困难，而是生活的琐碎问题。在一段关系的中后期，决定你们能否幸福过完一生的，是双方如何在细节上处理这段关系。

而丧失恋爱能力的人，处理细节问题的方式就会像我上面所说的那样，用俯视的姿态，去劝自己包容，劝自己忍耐。

谈恋爱可不仅仅是两个光鲜亮丽的人，站在一起说说笑笑，而是两个人伤痕累累，却依然紧紧抱在一起，依然期待明天。

其实，大多数人缺的不是恋爱对象，缺的是恋爱能力。而恋爱能力，有时候并不一定需要从恋人身上才能学到。

不善于表达、无法感同身受、不相信自己值得被爱都是缺乏恋爱能力的表现。我们都以为自己生来就会爱，但实际上，我们生来有可能得到过爱，享受过爱，而不是学会了爱。

你要坚信，爱是一种可以学习的能力。

你要停止抱怨不完美的原生家庭，为自己的成长负起责任。

对方能感受到的爱，是从你的行为和语言中表现出来的，而这些外在表现，是可以通过模仿慢慢建立起来的一种习惯。

正反馈建立起来了，你的爱就会有良性的循环。

一起学会适度依赖

> 关系中最重要的是，让对方明白，你希望他怎么做。

如果身为回避型依恋者的你们真正喜欢上了一个人，但是又觉得对方触犯到了你的“底线”，千万不要任由主观想法控制你，一言不合就想着放弃这段关系。此时你需要扪心自问，是不是你内心的压抑系统又开启了？压抑系统指的是：想当然地认为自己不爱对方，有意压抑自己的情感。

你要告诉自己，你其实是向往亲密关系的，对方其实也没有那么“可恨”，你看到的并非全是事实。你需要破除“我得赶紧找下一个”的行为模式，在对方没有犯一些常规的原则性错误（比如欺骗你）的前提下，多给自己一些耐心来看清楚对方，而不是任由主观想法来评价一个人。

当你开始这样想的时候，需要勇敢地走出自己的舒适圈。找找周围的朋友、家人去聊聊你们的恋情，请他们来客观评价一下对方的所作所为。他们能够帮你正视伴侣的价值。

此外，回避型依恋者常常把“依赖”和“独立”两个概念混为一谈。在他们的观念里，依赖就意味着不独立，独立就意味着不能依赖。

这样的想法是大错特错的。安全型的人会怎样做呢？有时候会把工作放在第一位，于是会为了工作耽误陪伴伴侣的时间；有时候有会把伴侣放在第一位，推掉一些其他的事情来增加两人之间的感情。他们处理感情问题的方法是非常灵活的。

在亲密关系中，依赖和独立并不是鱼和熊掌不可兼得的事情，只要你把二者控制在一个合理的范围内，两者是可兼得的。

你的事业、兴趣爱好、亲朋好友都是你自我价值的组成部分，都是非常重要的。而回避型依恋者就往往会认为独立和依赖是相互冲突的，是不可兼得的。

所以你需要改变“凡事只能依靠自己，绝对不能依赖他人”的固定思维，实际上，爱情里，既依赖又独立的关系，才能够更长远地维系下去，缺了哪个，都是不健康的。

因此我非常建议回避型依恋者尽可能模仿安全型的处理方式，去对待让你所恐惧的亲密关系；在多次模仿后，你们就会形成行为惯性，渐渐消除错误观念。

如果可以的话，回避型依恋者的另一半如果是焦虑型依恋者的话，可以先向安全型依恋者学习，再引导回避型也向安全型学习，两人一起远离回避的状态。如果你们的关系长期处于焦虑-回避的相处模式下，这样“你追我赶”的恋情会对你们的生活和健康带来负面影响。

很多人都会觉得回避型依恋者是没有感情的怪物，和他们相处，不痛不痒，好像没什么事能让他们有情绪的波动。其实他们所压抑的，正是他们潜意识深处最渴望的东西：依赖。

由于他们的悲观思维，总觉得别人是靠不住的。因为意识层面觉得自己这个需求是错的，也会否定别人对依赖的需求。

对回避型依恋者们来说，我们可以用“情绪容器理论”来总结让你们变得亲密的方法。当一个人能承载你的情绪，你就会觉得跟他很亲密。当你难过时，你可以找他哭诉。当你愤怒时，你可以找他发火。当你焦虑时，你可以找他宣泄。当你开心时，你可以找他分享。

对方“接住”了你的喜怒哀乐，这时候他就会感觉到你是亲密的。你的情绪借助他提供的情绪容器，实现了流动。当情绪流动的时候，亲密就产生了，长久的吸引也就产生了。

而对回避型依恋者的另一半们来说，当你对他们进行付出的过程中，可以是物质上的（送礼），也可以是精神上的（陪伴、关心、包容）。因为你是付出方，回避型依恋者对你的付出会有压力，他们不喜欢亏欠人，所以在这个时候你可以明确表达自己的需求，比如让对方有机会报答你，引导回避型依恋者一步步按照你的台阶配合下去，我称之为“引导回报”。

想要引导回避型依恋者按照你需求的方向发展，“引导回报法”是最好的一种。想要一个回避型依恋者配合你，可以这样做：

①你可以适当为对方付出一点，但千万别付出太多。

②明确告诉对方自己的需求是什么。

比如，你直接和对方说“我希望你和我沟通积极一点”，回避型依恋者肯定做不到。这并不是因为他对你有抵触情绪，而是因为对方不知道“沟通积极”是怎么回事。他们在感情方面，就好像一个刚学会走路的小孩子一样，是需要你手把手去指导的。

引导回报法中提需求的部分，也有两条注意事项：

①提出的需求可以按照“阶梯式递增”的方式进行。如果你一上来就提出了一个难度过大的要求，对方未必能够达到。

②双方一定要及时给予对方正面反馈，不管是言语上的肯定，还是物质上的支持，对他来说都可以获得一种“只要我努力了，对方是能够看得到我的改善的，我的努力是有回报”的成就感。

对回避型依恋者来说，你们一定要明白，能够依赖别人并不是坏事，保持适度就可以。

“分开了，还是朋友”，可信吗？

真分手与假分手，区别到底在何处？

在我的咨询经验中，很少遇到回避型依恋者和你提出分手后，还会主动提出做朋友这种情况。也不是完全没有可能，但回避型依恋者在提出分手后，还想继续和对方做朋友，概率是极低的。

为什么这么说呢？

对于回避型依恋者而言，他们习惯的行为模式介于逃避和爆发二者之中，逃避比爆发更为常见。

哪怕是在恋爱的过程中，他们但凡有感觉到不舒服的地方，又或是仅仅出于对个人独立空间的意识，他们也经常采用逃避的方式，缩回到自己的世界。

而在和他们争吵的时候，情况就更是如此。你作为他们的伴侣，自然想要通过追问的方式来了解他们内心深处的真实想法，但这对于不擅长表达、不擅长敞开心扉的回避型依恋者来讲，更是会采用回避的方式，躲一阵是一阵。

更何况，回避型依恋者们本身是一个自我意识很重，很难换位思考的人群，分开后他们更难以“共同体意识”去真正地反思到自己在这段关系中存在的问题。

在他们的思维里，分手的原因基本全是你的责任和过失，“是你这么不懂我，才会导致我们的分手”。

之前会有咨询者问我，“老师，你认为回避型依恋者和我分手后，他会想起我的好吗？”

我的回答是：“不会。”

因为他们在你们关系好的时候，尚且不懂得反思自己存在的问题，也不懂得用一个全面的共同体思维换位思考，那么在你们关系不好的时候，他们又如何能这样做呢?

说到这里，大家应该能够明白我的话中之意了。回避型依恋者出于自卑的性格，会习惯性贬低配偶的价值。

我们之所以选择和一个人做朋友，这必然是由于对方身上存在着我们看得到的价值。也许你的性格非常乐观，也许你让人感到温柔可亲，这些“非功利”的价值，也是一种价值。

总之，回避型依恋者如果主动说了“分手了，还是朋友”之类的话，说明你身上存在着他欣赏和认可的价值，他也并没有完完全全地开启回避机制，并不想要你们的关系彻底一刀两断。

他多半打着“做朋友”的幌子，想继续维系这微弱的关系联结。

我们可以把这样的行为信号理解为“假性分手”。此时身为伴侣的你如果马上撤退，那这股微弱的信号就会彻底“熄灭”。

大家都需要了解“回避型依恋者是极其害怕麻烦的一类人”。遇到麻烦，相比于正常人“兵来将挡，水来土掩”的解决麻烦，他们的第一想法则是避免麻烦。

试想一下，对于害怕麻烦的他们而言，分手后还要和你主动提出可以做朋友，这样的言辞表达，不就相当于变相地给他们制造麻烦吗？

因为他们提出来做朋友，假设身为伴侣的你不舍得，也放不下，你大可以用他们的这句话来当作日后恢复联系的合理依据。如果他们真的不想再和你继续了，他们是绝对不会给自己挖个火坑跳下去的。

这种机遇是比较难得的，假设本书读者当前正在遇到类似的情形，想要修复关系的话，多加一把劲，难度相对较低，且更容易上手争取到和好的局面。

当然，如果在你们关系中的安全堡垒没有建立起来前，所谓“复合”也只是不断地拉扯和来回的痛苦循环罢了。

“最佳复合时机”是存在的吗？

> 没有谁喜欢做别人的附属品，男女都是如此。

我遇到过很多咨询者，在想要复合的过程中都遇到过这样的情况，要么被分手后马上挽回，再次被拒；要么被分手后不知所措，开始断联，期待时间能够修复彼此感情的创伤。

然而无论是主动地不联系对方，还是被迫地不联系，一旦开始断联，你们就会出现诸如下面的心理独白：

今天是我们不联系的第四天，为什么这么难熬啊？

我已经和他断联一个月了，我快要忍不住联系他了，不知道能不能联系他？

我跟他已经两个多月没有联系了，我打算今晚恢复联系了，该注意些什么呢？

当然，除了这些问题，关于“复合时机”，可能还有许许多多的问题。

其实，这些问题不是最重要的。

最重要的是结果，90%的人都尝试过看到对方“怀念旧情”的信号后继续挽回，想要恢复你们之间的感情，结果怎么样呢？

大部分人都失败了。要么断联没断几天；要么断联过程中出现各种乱七八糟的事，打乱了挽回的节奏；要么断联一段时间后，对方突然跑来联系自己，然后自己一激动，饿虎一样扑过去，把对方吓跑了，于是你开始纠结，要不还是放弃吧……

也就是说，大部分人的挽回其实都难以达到期待中的结果。

因为你压根不知道最佳的挽回时机是什么时候，所以在迈出挽回的第一步时，就已经开始了自我否定。

我曾经收到一位咨询者的私信，内容如下：

我和交往三年的女朋友分手了，找过她两次，想复合，都被拒绝了，我们保持不温不火的联系。将近半年后，她主动联系我了，说她的房东要装修，让她尽早搬出去。她找我的时候，我当时在忙工作上的事情，口吻比较冷淡，说帮她联系一下中介。

等到了搬家那天中午，她打电话给我，让我给她帮个忙，我说行，可是我以什么身份去给你搬呢？她说，这仅仅是搬家而已。我说，我不再是曾经那个我了。当时说完了，她没说话。搬完家后，她就对我的态度和原来不一样了，也不愿意和我出来见面了。

这位咨询者明明帮了她前女友很大的忙，那为什么女生还是对他疏远了？你理解吗？

是因为她生气吗？因为咨询者没有去帮她收拾行李和搬家？

我希望看到回答的人都可以思考下女生生气的原因，然后再阅读下文。

如果只是生气，那例子中的咨询者（下面我简称P先生）肯定之前也惹了女生生气，否则两人就不会分手了。但明显女生当下的这个生气和之前的生气，不是同一个程度的。

前两次P先生去找前女友复合，尽管是侵犯她边界，不尊重她的，但是这两次的行为还是在告诉对方，“我喜欢你，想和你在一起。”

一般来说，只要前任和你谈了这场恋爱，她们说分开并不是突然间的决定，她前面肯定要经过大半年的时间要去考虑和纠结这个事。

所以分手，对她来说是很一件很犹豫的事情。

分手后如果我感到很可惜，我甚至会忍不住想去找你，但是我理解你下这个决心的不容易，我尊重你，答应你不会来联系，就是所谓的“不打扰是我最后的温柔”。

“不打扰”不是说你不爱对方，不去联系对方，而是表达出你尊重对方。

谈恋爱三个月以上的，前任都会对你、对你们的关系有很深的感情牵挂。你真的能够做到“不打扰”，即使和她再次联系，没有再提感情，这时候效果就产生了，前任会开始怀疑自己的决定。

在这种时候，如果外界的条件发生了一个变化，比方说房东打电话让她去搬家，对于一个女生来说，身处的环境变化了，她难免会感到有些恋旧。

这个时候她想到了你。在她需要依靠，需要爱护和关注的时候，来找你了，那这个时候女生来找你的意思，实际上就是在暗示你，她愿意给你们彼此一次机会。

如果你要复合的话，这是一次绝佳的机会，但同时也是个危机。

处理好的话，你和对方的复合，可以绕开很多烦琐而漫长的时间铺垫，达到快速复合的目的；没有处理好的话，你们的关系可能下降到冰点。

那天女生让P先生帮她搬家，其实是个无理要求，周末P先生也要休息嘛，过去帮她搬家也要花时间。

女生难道不知道这是无理的要求吗？她难道不知道她已经和P先生分手了吗？

她什么都知道，但还是打电话给P先生了，这个时候如果P先生接起电话，说："你别急，你在那边等着，我马上过来。"这时候对方就有可能会被感动。

因为P先生说这句话代表自己站在女生那边了，替她出头，为她着想。

没有一个人会拒绝真正爱自己的人，除非前任以为你不是真正爱她的。

也许会有人跳出来为例子中的P先生打抱不平。

"老师，我认为你说的不对，P先生肯定是喜欢对方的，他都特地去找了前任两次求复合，并且之后的大半年里都保持联系，哪有人会和一个自己不喜欢的前任平白无故联系这么久呢？"

案例中的P先生，在接到女生电话后，在那里一个劲儿地追问她，"要以什么身份过去帮她搬家"，让人感觉仅仅是为了复合，才会帮她。

女生感受得到，P先生那种爱附加了他自己想复合的目的，它让爱变得不那么纯粹：你其实不是站在对方的角度上，为她考虑的。

因为对方感觉到你的挽回体现出了非常强烈的、从自身角度出发的需求，她就好比是你的一个附属物品。理所当然，没有谁喜欢做别人的附属品，男女都是如此。

想要给出复合机会的人，说话和一般人不太一样，他们不可能太直接。就如同我在上面举的例子，女生没有直接和你说复合，而是以一些借口来希望你出面帮忙。

也就是说，在联系这么久之后，她已经开始动摇了，怀疑自己跟你分手是不是做错了，开始想念你了，然后那个时候再加上外部的因素催化了一下，前任背后的意思就是说“我再给我们彼此一次机会，咱们复合”。

虽然这时候的前任不管三七二十一，总能找一个同事、同学，再不济还有搬家公司来帮忙，但是她来找你了。

这个时候对方的心理是这样的，她跟你复合，自己心里要说得过去，毕竟你们已经维持了大半年的不温不火的联系了，也就是说，对方会认为，其实你对她并不怎么上心了，不像恋爱那时候那样无微不至地关心她，这在对方眼里就是你没那么爱她了。

为什么很多人把握不住“最佳的挽回时机”，原因就在这边。

这个要在理论层面应该清楚的核心想法，也就是对方愿意和你复合的关键就是感受到了你纯粹的、不带有复合目的的爱和关心，不然你做得再多，也只是自我感动罢了。

看到此时，你们能对分手后“最佳的复合时机”有一丝体会吗?

别说你们绝对不会做P先生这样的挽回者，在我咨询经验中，真的有很多人就是第二个P先生。

孤独不是生命的初衷

> 你给出的是爱，丰富的是自己的人生。

有人会问我："想获得爱，有错吗？"

当然没错。每个人都有权利去追求爱。

但每个人真正需要而又无比稀缺的，是真正的爱。这不仅仅是回避型依恋者真实渴望的，也是我们所有人在感情方面的刚需。

想要满足这个刚需，我们首先要明白：真正的爱是什么？

欧文·亚隆在《存在主义心理治疗》中提到过以下几个概念。

1. 关爱另一个人的意思是以无私的方式与其建立关系：放下自我意识和自我觉察。在和对方的关系中不要以下面的想法为核心：对方怎么看待我？这段关系对我有什么好处？关系不是为了寻求赞美、崇拜、性欲的释放、权力或是金钱。在每一时刻建立关联的只是双方二者，不受实际或想象中第三方的监察。换句话说，人必须以自己的整个存有与对方建立关系，如果自己有一部分在别处（比如，在考虑关系对关系外的某个人有什么影响），就可以说关系已经失败。

2. 关爱另一个人意味着要尽可能彻底地了解对方，体验对方的世界。如果一个人能够无私地和对方建立关联，就能自由地体验对方世界的各个部分，而不是某个符合某种功利目的的部分。一个人把自己拓展到对方的世界，认识到对方是另一个有感情的存有，对方有着自己的世界。

3. 关爱另一个人的意思是关心对方的存有与成长。通过真实的倾听得以全面了解另一个人，努力帮助对方在和自己建立关联的时刻充满生机。

4. 爱是主动的。成熟的爱是爱人，而不是被爱。一个人把爱付出给另一个人，而不是“陷入”对对方的迷恋中。

5. 爱是人在世界上的存有方式，并不是与某个特定的人建立排他性的、逃避现实的奇妙联结。

6. 成熟的爱来自个体自身的丰富而非贫瘠，来自成长而非匮乏。一个人爱另一个人并不是因为他需要另一个人才会感到存在、感到自己是完整的、能够逃避可怕的孤独。以成熟的方式爱人的人已经在其他的时刻、通过其他的方式满足了这些需要，其中一个很重要的来源是母亲对婴儿的爱，在一个人的早年注入他的生命中，这种过去的爱，是力量的源泉，而现在的去爱则是拥有力量的结果。

7. 关爱是相互的。一个人若能真正地“转向他人”，他自己也会相应地发生变化。一个人能把对方带入生命，自己也会变得更充满生机。

回避型依恋者儿时的被爱需求没有被完美满足，长大后的他们对这种真正的爱的渴求，就会越发强烈。

回避型依恋者做不到真正的爱，却又渴求有人能那么爱他们，其实这是一件可怜又可恨的事。

说了这么多，我希望大家可以明白，虽然真正的爱是无私的不求回报的，但只要你投入了真正的爱之中，就能得到回报。

你会因为“给出爱”而改变，变得更丰富；会感到自己被“实现”，孤独也得以减轻。幸运的话，通过爱上别人，自己同样也得到了关爱。但是这些回报只源于真正的爱，它们也不是爱的原因。借用《活出生命的意义》的作者、奥地利心理治疗师、医学博士维克多·弗兰克尔的说法，这些回报是自然产生，无法求得的。

当你开始意识到你本身具备爱的能力，无论走到哪里都会发光发热，还会因为别人不给你爱而苦恼吗？你不会。

向内去探索你内心真正的世界，剩下的就是养育自己，你就能见到更为广阔的天空。

附录：

无须思考也能读懂的潜台词

回避型依恋者们的自我防御很重，所以他们很多情况下喜欢用一些“社交辞令”隐藏自己的真实想法。这个时候就要透过他们语言的表面，读懂他们的内心。以下是不同场合他们的潜台词，希望对大家有帮助。

一、负面思维

回避型依恋者：我变胖了，你看我身份证上的照片都没以前帅气了。

伴　侣：没事，你现在胖胖的也很可爱呀。

回避型依恋者：好吧。

潜台词：你刚认识我的时候，明明一直夸我帅气的，现在你却说我可爱，你肯定是觉得我变丑了，才这么敷衍我。

回避型依恋者对于换位思考的能力是比较差的，他们很难共情到另一半的感受和需求。但他们对于伴侣行为的刨根问底，却是极其挑剔的，也就是我说的“回避型依恋者倾向于给伴侣贴负面标签”，有时候对方只是一句玩笑话，他们也会记在心上，并采用负面的思维去评价对方，人为破坏相处的舒适度。

二、不愿兑现承诺

伴　侣：之前你答应过我的，这个月要和我一起去旅行，你什么时候有空？

回避型依恋者：宝宝，我最近工作比较忙，下次吧。

潜台词：她没看到我的工作已经够多的吗？一堆事情都做不完，我哪儿有心思去旅游？看来下次我不能轻易做承诺了。

绝大部分回避型依恋者，在没有和伴侣发生激烈的争执前，遇事逃避是他们最常见的态度。他们嘴巴上说“下次”，看似拖延，没明确拒绝。但相信我，我这些年见过形形色色的案例，这么说话就意味着他们是绝对不会主动推进这件事了。因为他们感觉到了你的吞噬性，回避机制已经触发。

我之前提到过这样一个概念：“逃避和爆发是回避型依恋者处理矛盾的惯用手段，逃避相比于爆发来得更为常见。”能躲过去的事情就躲过去，害怕麻烦，害怕改变，是他们经常会呈现出的状态。

正因为这种表现，所以他们很容易和伴侣闹僵，到了实在无法逃避的处境时，就会开启挑刺般的爆发模式，数落感情中让他们不舒服的事例，此时的他们和怨妇没什么两样。

三、对话敷衍

伴　侣：你人呢？

回避型依恋者：刚刚在看电影。

伴　侣：看什么电影？

两小时过去……

回避型依恋者：刚看好。

潜台词：太麻烦了，我看什么电影他还要问，我不想聊，聊了的话，他肯定又会叽叽喳喳说一堆话，明明我的电影都已经看完了，有什么好说的。

我相信，这段对话绝对是大家和回避型依恋者恋爱时，一定会遇到的情况。身为伴侣的你们会发现，他们很难和你深入沟通，或长时间沟通，经常会忽视你上面的提问，直接一句话就草草带过，结束话题了。

他们会时不时突然消失几个小时，等到他们回过头来回复你，很多时候也没法耐心地回应你的提问，而是把话题“聊死了”。他们非常需要自己的空间，也非常不擅长事无巨细地分享和报备，极度反感你们得每时每刻都黏在一起。

如果回避型依恋者耐心地回应你的每一次提问，说明你对他而言是很重要的，所以不想让你失望，会尽量看见你的需求，照顾到你的情绪。

四、妒忌多疑

伴　侣：宝宝，你听我解释，我和A只是朋友，我们从小玩到大的，你也知道的，那天我心情不是很好，感觉我们快分手了，所以才和他聊天，你真的多想了。

回避型依恋者：不用多说了，我相信你。

潜台词：你已经不爱我了，我觉得我们是时候分手了。

由于过往的经历，回避型依恋者总觉得自己是卑微的、不值得被爱的。缺乏安全感的这些人，容易有妒忌多疑的心理，在他们看来，世界上的其他人，莫不比自己更值得被爱。

五、急于回报

伴　侣：没关系的，这东西是送给你的生日礼物，你干吗这么不好意思，非得请我吃饭。

回避型依恋者：应该的，这是你应得的。

潜台词：还是赶紧把“人情债”还了吧，我最不习惯这种亏欠人的感觉了。

他们是非常喜欢人际交往中平等的相处模式的，不喜欢亏欠人，一旦你有所付出，他们是很想要赶紧回报点什么给你的。

有的咨询者在后台私信我，需要让我帮他判断下自己的伴侣到底是回避型依恋者还是人渣。这里教大家一个对部分案例适用的判断依据——观察对方对你付出的部分，是心安理得、毫无回报地接纳，还是会尽力去回报你一些东西。

综上，如果你能在和回避型依恋者相处的过程中，听懂他们“彬彬有礼”的话语下的一些潜台词，就会对你们之间的亲密程度做出更加准确的评估。